Carl-Auer

An
die im Entstehen begriffene Bewegung von Menschen,
die die drei großen Abgründe unserer Zeit überwinden:
die ökologische, die soziale und die spirituelle Kluft.

C. Otto Scharmer

Essentials der Theorie U

Grundprinzipien und Anwendungen

Aus dem Amerikanischen von Astrid Hildenbrand

Dritte Auflage, 2026

Umschlaggestaltung: Heinrich Eiermann (nach Motiven der Originalausgabe)
Redaktion: Nicola Offermanns
Satz: Verlagsservice Hegele, Heiligkreuzsteinach
Printed in Germany
Druck und Bindung: CPI books GmbH, Leck

Dritte Auflage, 2026
ISBN Print: 978-3-8497-0274-8
ISBN ePUB: 978-3-8497-8182-8

Titel der Originalausgabe: "The Essentials of Theory U: Core Principles and Applications"
Das Original erschien 2018 bei Berrett-Koehler Publishers, Inc., Oakland, CA, USA.

Bibliografische Information der Deutschen Nationalbibliothek:
Die Deutsche Nationalbibliothek verzeichnet diese Publikation
in der Deutschen Nationalbibliografie; detaillierte bibliografische
Daten sind im Internet über http://dnb.d-nb.de abrufbar.

Informationen zu unserem gesamten Programm, unseren Autoren
und zum Verlag finden Sie unter: **https://www.carl-auer.de/**.
Dort können Sie auch unseren Newsletter abonnieren.

Inhalt

Vorwort 9
Führen nach *Theorie U*: Das soziale Feld kultivieren 11

Danksagungen 15

Teil I: Das soziale Feld sehen lernen 19

1 **Der blinde Fleck** 20
Drei Abgründe 21
Der blinde Fleck 23
Vor der leeren Leinwand 24
Ankunft am MIT 25
Von der im Entstehen begriffenen Zukunft lernen 26
Im Anblick des Feuers 28
Das Gefäß bilden 29
Soziale Felder 31

2 ***Theorie U:* Form folgt Bewusstsein** 33
Das System dazu bringen, sich selbst zu sehen 33
Ein Moment des Sehens 35
Der Prozess: Drei Bewegungen 36
Das tiefere Gelände kartieren 38
Drei Instrumente des inneren Wissens 42
Das Beispiel des Zuhörens 42
Drei Feinde auf dem Weg entlang der linken Seite des U 44
Zwei Hindernisse auf dem Weg entlang der rechten Seite des U 46
Presencing (Anwesendwerden) und Absencing (Abwesendwerden) 46
Soziale Felder 48

3 **Die Matrix der sozialen Evolution** 50
Die Grammatik sozialer Felder 50
Die Matrix der sozialen Evolution 51

Die horizontale Achse: Systemebenen ... 51
Die vertikale Achse: Bewusstseinsebenen ... 53
Auf der Suche nach der Quelle ... 55
Aufmerksam sein ... 56
Kommunizieren ... 58
Herunterladen: Feld-1-Kommunikation ... 59
Debatte: Feld-2-Kommunikation ... 60
Reflektiver Dialog: Feld-3-Kommunikation ... 61
Schöpferischer Dialog: Feld-4-Kommunikation ... 62
Organisieren ... 63
Zentralisiert ... 64
Dezentral ... 64
Vernetzt ... 64
Ökosystemisch ... 65
Institutionelle Umstülpung ... 65
BALLE (Business Alliance for Local Living Economies): White Dog Café – eine Bewegung für eine neue Ökonomie ... 66
Koordinieren und führen ... 68
Gesellschaft 1.0: Hierarchie als Koordinationsmechanismus ... 68
Gesellschaft 2.0: Wettbewerb als Koordinationsmechanismus ... 69
Gesellschaft 3.0: Koordination durch organisierte Interessen ... 69
Gesellschaft 4.0: Ökosystem-Bewusstsein als Koordinationsmechanismus ... 70
Von Feld 1 zu Feld 4: Ein Weg der Umstülpung ... 71
Das System dazu bringen, sich selbst zu erspüren und zu sehen ... 74

4 Das Nadelöhr ... **76**
»Ich erwarte sehr viel von Ihnen« ... 77
Die Reintegration von Geist und Materie ... 78
Der Kern systemischen Denkens ... 79
Durch das Nadelöhr ... 80
Die Beziehung zwischen System und Selbst umstülpen ... 81
Die Schlacht um Brokdorf ... 82
Sich im System bewegen ... 83
Lernen, wie man Veränderungsmacher unterstützen kann ... 83
Ein Moment der Klarheit ... 84
Gemeinsame Bilder und Imagination: Das gemeinsame Denken aktivieren ... 85

Gemeinsame Inspiration:
Das gemeinsame Erspüren aktivieren ... 86
Co-Kreation: Den gemeinsamen Willen aktivieren ... 88
Von der Reaktion zur Regeneration ... 89

Teil II: Eine Methode zur bewusstseinsbasierten Systemveränderung ... 91

5 Ein Prozess, fünf Bewegungen: Erneuern von der Zukunft her ... **92**
1. Gemeinsam beginnen:
Die gemeinsame Intention entwickeln ... 92
Ergebnisse des gemeinsamen Beginnens ... 94
Prinzipien ... 95
Praktiken ... 98
Während eines Schneesturms zur Welt gekommen ... 99
2. Gemeinsam erspüren: Die Wirklichkeit von den Systemrändern her sehen ... 100
Ergebnisse des gemeinsamen Erspürens ... 104
Prinzipien ... 104
Praktiken ... 108
Social Presencing Theater:
Geist-Materie-Reintegration im sozialen Feld ... 112
3. Presencing: Sich mit dem höchsten Zukunftspotenzial verbinden ... 113
Die Presencing-Klausur ... 115
Beispiel von einem global operierenden Autohersteller ... 116
Ergebnisse des Presencing-Workshops ... 117
Prinzipien ... 118
Praktiken ... 122
Die Schatten von Berlin transformieren ... 124
4. Co-Kreation: Das Neue herauskristallisieren und durch praktisches Handeln Prototypen erstellen ... 129
Beispiele aus Namibia und Brasilien ... 130
Ergebnisse der Co-Kreation ... 131
Prinzipien ... 132
Praktiken ... 136
5. Gemeinsam gestalten: Das Neue institutionalisieren und Ökosysteme der Innovation aufbauen ... 138
Beispiele aus Namibia und dem MITx u.lab ... 139

Ergebnisse des gemeinsamen Gestaltens 141
Prinzipien 141

Teil III:
Ein Narrativ des evolutionären Gesellschaftswandels 145

6 Die Aktualisierung des gesellschaftlichen Betriebssystems 146
Ökonomie 4.0 146
Das Grundthema: Warenfiktion 147
Die Lösung: Aktualisierung des wirtschaftlichen Betriebssystems 147
Die Matrix der ökonomischen Transformation: Sieben Akupunkturpunkte 148
Verlagerung vom Egosystem-Bewusstsein zum Ökosystem-Bewusstsein 153
Demokratie 4.0 153
Transsektoralität 4.0 154
Gesundheit: Von der Pathogenese zur Salutogenese 157
Bildung: Vom auf den Lernenden gerichteten Lernen zur Aktivierung tieferer Quellen des Lernens 157
Lebensmittel: Von biologischer Landwirtschaft zur Heilung von Mensch und Erde 158
Finanzsystem: Von der Extraktion zur Intention 159
Koordination: Vom Wettbewerb zum bewusstseinsbasierten kollektiven Handeln 159
4.0 Labor 160

7 Zurück zu den Wurzeln 162
Mit Grüßen an die Stasi 162
Den Kurs halten 163
»Ich kann es nicht nicht tun« 163
u.lab 165
Mach mit! 169

Literatur 170
Über das Presencing Institute 172
Über den Autor 173

Vorwort

Zehn Jahre nach der ersten Publikation von *Theory U* im Jahr 2006 bat mich mein amerikanischer Verleger, dieses Buch zu schreiben. In einem etwas höflicheren Ton als meine folgende Formulierung gab er mir zu verstehen: »Nun, *Theory U* verkauft sich gut. Aber offen gestanden haben wir keine Ahnung, warum. Das Buch ist fast nicht lesbar. 500 Seiten, Dutzende von Tabellen, Hunderte von Fußnoten – es vereint in sich alles, was wir Ihnen als Verleger empfehlen würden, *nicht* zu tun.« Dann schlug er vor: »Warum schreiben Sie jetzt zur Abwechslung nicht mal ein Buch, das lesbar ist – kürzer, verständlicher und aktualisiert?«

Ich wirkte wahrscheinlich etwas indigniert. Als er das merkte, wies er schnell darauf hin, dass einige andere Autoren, die ich bewundere, seiner Empfehlung gefolgt seien: Zuerst schreiben sie umfassend über das, was sie entwickelt haben, und im nächsten Buch erklären sie dies dann auf verständlichere Weise. Das Buch, das Sie jetzt vor sich liegen haben, ist das Ergebnis.

Mit der nun vorliegenden Einführung in *Theorie U* – eine bewusstseinsbasierte Methode für die Veränderung von Systemen – versuche ich, folgende Fragen zu beantworten: Wie lernen wir in dem Moment, in dem wir mit Umbrüchen konfrontiert sind? Wie lernen wir von der im Entstehen begriffenen Zukunft?

Theorie U verbindet Systemdenken, Innovation und Veränderungsmanagement – aus der Perspektive eines sich entwickelnden menschlichen Bewusstseins. Mit Rückgriff auf die am Massachusetts Institute of Technology (MIT) lebende Tradition der Aktionsforschung und des Learning by Doing (Lernen durch unmittelbares Anwenden) hat sich *Theorie U* über zwei Jahrzehnte hinweg in der praktischen Anwendung dadurch weiterentwickelt, dass ein globales Team von Praktikern *Theorie U* auf aktuelle und komplexe Probleme angewandt hat und anwendet. *Theorie U* basiert auf drei Kernelementen:

1) einem Bezugsrahmen, der den blinden Fleck der Führung und der Systemveränderung sichtbar macht;
2) einer Methode, bewusstseinsbasierte Veränderung durch einen Prozess, Prinzipien und Praktiken zu initiieren;

3) einem neuen Narrativ zu einem sich entwickelnden gesellschaftlichen Wandel und einem Upgrade unseres mentalen und institutionellen Betriebssystems in allen gesellschaftlichen Bereichen.

In Teil I werden der Bezugsrahmen und die wichtigsten Ideen von *Theorie U* präsentiert (Kap. 1–4). Insbesondere wird der blinde Fleck von Führung heute beleuchtet: der »innere Zustand«, die Intention, die den Quellpunkt jeder Handlung konstituiert.

In Teil II werden der Prozess, die Kernprinzipien und die Praktiken von *Theorie U* beschrieben (Kap. 5). Das Kapitel gibt eine Übersicht über praktische Methoden und Instrumente für Innovatoren, die etwas verändern möchten. Im Mittelpunkt steht die Frage, wie die kollektive Fähigkeit ausgebildet werden kann, *den inneren Ort*, von dem aus wir handeln, *zu verändern.*

In Teil III wird ein neues Narrativ für einen tiefgreifenden allmählichen Wandel in der Gesellschaft vorgestellt (Kap. 6–7). Was braucht es, um Gesellschaften so umzugestalten, dass die drängenden Herausforderungen unserer Zeit angegangen werden können? Wie lässt sich durch eine veränderte Intention und eine veränderte Achtsamkeit ein System kollektiv transformieren? In diesem Teil des Buches wird ein Gedankengerüst entworfen, wie die »Betriebssysteme« unserer Bildungseinrichtungen, unserer Volkswirtschaften und Demokratien aktualisiert werden können, also ein Upgrade bekommen. Hier werden die zentralen Konzepte von *Theorie U* auf die Transformation kapitalistischer Strukturen angewandt.

Theorie U verbindet folgende Methoden und Entwicklungslinien mit dem Ziel, Veränderungsmacher in ihrer Arbeit zu unterstützen:

- Aktionsforschung und organisationales Lernen in der Tradition von Peter Senge, Edgar Schein, Donald Schön, Chris Argyris und Kurt Lewin;
- Design Thinking (strukturierte Herangehensweise an Innovation, kreative Methode zur Veränderung, in Gestaltung denken – Anm. d. Übers.) in der Tradition von Tim Brown und Dave Kelley;
- Achtsamkeit, Kognitionswissenschaft und Phänomenologie in der Tradition von Francisco Varela, Jon Kabat-Zinn, Tania Singer, Arthur Zajonc und David Bohm;

- Impulse der Zivilgesellschaft in der Tradition von Martin Luther King Jr., Nelson Mandela, Mahatma Gandhi und Millionen von Menschen, die an Veränderungen in ihren lokalen Kontexten arbeiten.

Führen nach *Theorie U*: Das soziale Feld kultivieren

Im Kern beschreibt *Theorie U* das In-die-Welt-kommen sozialer Wirklichkeit. **Ich bin achtsam [auf diese Weise], also entsteht die Welt [in jener Weise].** Oder wie es Bill O'Brien, der frühere CEO von Hanover Insurance, formulierte: »Der Erfolg einer Intervention hängt vom inneren Zustand des Intervenierenden ab.«

Theorie U lenkt unsere Aufmerksamkeit auf den *blinden Fleck* von Führung und Organisation: auf die »innere Qualität«, d. h. auf die Quellen, aus denen sowohl unser individuelles als auch unser kollektives Handeln hervorgeht.

Ich bin auf einem Bauernhof aufgewachsen. Für meinen Vater war die Qualität eines Feldes immer ein wesentlicher Punkt, an dem sich seine Arbeit ausgerichtet hat. Was ich von der Arbeit meines Vaters gelernt habe, ist, dass jedes Feld zwei Dimensionen hat: eine sichtbare, die das an der Oberfläche Wachsende zeigt, und eine unsichtbare, nämlich das unter der Oberfläche Befindliche – d. h. die Qualität des Bodens.

Die gleiche Unterscheidung gilt für soziale Felder. Wir können sehen, was Menschen tun, also die sichtbaren Ergebnisse wahrnehmen. Worauf wir aber seltener unsere Wahrnehmung richten, das sind die *Quellpunkte* und die inneren Zustände, *auf deren Basis* wir handeln. *Theorie U* lenkt unsere Aufmerksamkeit genau auf diesen blinden Fleck – auf die unsichtbare Quellpunkt-Dimension des sozialen Feldes – auf die Qualität von Beziehungen, die wir zueinander haben, auf das System und auf uns selbst.

Theorie U unterscheidet zwischen vier verschiedenen Quellpunkten, aus denen unsere Handlungs- und Aufmerksamkeitsstrukturen entspringen. Diese vier Ausgangspunkte ergeben sich aus der Qualität des Bewusstseins, d. h., aus der Qualität von (1) gewohnheitsmäßigen, (2) egosystemischen, (3) empathischen oder (4) schöpferisch-ökosystemischen Beziehungsmustern.

Die Qualität von Führung verändert sich, wenn wir unseren blinden Fleck (diese inneren Zustände oder Quellpunkte) erkennen und entsprechend **den inneren Ort, von dem aus wir handeln, verändern**, wie es die jeweils konkrete Situation erfordert. Das heißt, dass unsere Aufgabe als Führungskräfte und Innovatoren darin besteht, **den Boden des sozialen Feldes zu kultivieren**. Das *soziale Feld* ist die Summe der Beziehungen zwischen Individuen, Gruppen und Systemen, aus denen Denk-, Gesprächs- und Organisationsmuster hervorgehen, die ihrerseits praktische Ergebnisse generieren.

Soziale Felder sind soziale Systeme, allerdings *von innen her* betrachtet, aus der Sicht ihres inneren Zustands. Damit wir von der Perspektive des sozialen *Systems* zur Perspektive des sozialen *Feldes* gelangen, müssen wir unseren blinden Fleck erkennen, d. h. den Quellpunkt unserer Aufmerksamkeit und unserer Handlungen in den Lichtkegel unserer Aufmerksamkeit stellen. Die Qualität dieser Quelle hat fundamentale Auswirkungen auf die Qualität und Struktur von Führung, aber auch von Lernen und Zuhören.

Heute besteht das Problem von Führung darin, dass die meisten Menschen denken, Führung sei eine Eigenschaft von Individuen und funktioniere mit einer Person an der Spitze. Doch wenn wir Führung als die Fähigkeit eines Systems – oder einer Gemeinschaft – betrachten, die Zukunft gemeinsam zu erspüren und zu realisieren, dann erkennen wir, dass Führung immer auf viele Menschen verteilt ist – sie muss jeden Einzelnen einbeziehen. Um die kollektive Fähigkeit entwickeln zu können, muss sich ein jeder in diesem System als Pfleger des größeren Ökosystems wahrnehmen und einsetzen lernen. Damit wir dies auf zuverlässigere, dezentralisierte und intentionale Weise zuwege bringen können, brauchen wir:

- eine soziale Grammatik: eine Sprache;
- eine soziale Technik: Methoden und Instrumente;
- ein neues Narrativ von sozialem Wandel.

Die Grammatik des sozialen Feldes wird in Teil I ausformuliert. Die Methode, eine bewusstseinsbasierte Sozialtechnologie, wird in Teil II beschrieben. In Teil III werden beide Teile zu einem Narrativ der gesellschaftlichen und zivilisatorischen Erneuerung zusammengefügt.

Theorie U ist um einen Kernprozess des gemeinsamen Erspürens und In-die-Wirklichkeit-Bringens von Zukunftsmöglichkeiten herum angeordnet. Doch sie ist noch viel mehr. Die in diesem Buch skizzierte Grammatik und Methode funktionieren wie eine Matrix und nicht wie ein linearer Prozess. Zu den Führungsfähigkeiten, die im Zentrum der U-Methode stehen, gehören:

- **Zurückhaltung und Staunen:** Nur wenn wir unsere Meinung oder unser Urteil zurückhalten, können wir staunen und Neues sehen. Wir staunen, wenn wir bemerken, dass es mehr gibt, als gewohnte Muster des Denkens, Sprechens oder Handelns herunterzuspulen.
- **Gemeinsames Erspüren:** Um die Quellen der Zukunft zu erspüren, ist es notwendig, sich selbst an Orte mit höchstem Potenzial zu begeben. Verbinde dich mit diesen Orten, und halte dein Denken und dein Herz weit geöffnet.
- **Die Kraft der Intention:** Die Kraft der »Intention« ist der Schlüssel für Veränderung. Presencing heißt, von der höchsten Zukunftsmöglichkeit her wahrnehmen und handeln. Das Wort *Presencing* verbindet »presence« und »sensing« und basiert auf einer Gegenwärtigung der höchsten Zukunftsmöglichkeit durch das authentische Selbst. Es geht darum, das Spektrum der Möglichkeiten zu vergrößern. Es geht um die Stärkung deiner eigenen Ressourcen in einer Welt, die uns ansonsten zerreißt. Es geht darum, sich der eigenen Quellen des Erkundens, der Empathie und des Mutes bewusst zu werden.
- **Gemeinsames Erschaffen:** Erkunde die Zukunft im Handeln, indem du der entstehenden Zukunft eine Landebahn bereitstellst.
- **Herstellen sozialer Gefäße:** Schaffe neue schützende Räume, die das schöpferische soziale Feld aktivieren.

Unsere derzeitigen gesellschaftlichen Ökosysteme haben das Problem, dass die Feedbackschleife zwischen den Teilen und dem Ganzen unterbrochen ist. *Theorie U* bietet eine Methode, **die Teile und das Ganze wieder zusammenzufügen**, indem das **System** die Möglichkeit bekommt, **sich zu erspüren und sich selbst zu sehen**. Wenn das geschieht, beginnt sich das kollektive Bewusstsein vom **Egosystem-Bewusstsein** zum **Ökosystem-Bewusstsein** umzuschichten – von einer **Silomentalität** hin zur **Systemsicht**.

Die Methoden und Instrumente von *Theorie U* können Gruppen dazu befähigen, diese Veränderung des inneren Ortes auf kollektiver Ebene herzustellen. Beispielsweise kann *Social Presencing Theater* (SPT) es ermöglichen, dass eine Gruppe sich – sowohl individuell als auch kollektiv – selbst erspürt und erkennt, indem der **Beobachtungsstrahl** auf die beobachtende Person[1] **zurückgelenkt** wird.

Energie folgt Aufmerksamkeit. Worauf auch immer wir als Führungskraft, Lehrer oder Elternteil usw. unsere Aufmerksamkeit lenken – das ist dann der Ort, zu dem die Energie des Teams hinfließen wird. Wenn wir sehen, dass die Qualität der Aufmerksamkeit vom Ego- zum Ökosystem, also vom *Ego* zum *Wir*, umschlägt, kommt der Moment, in dem die tieferen Qualitäten des sozialen Feldes sichtbar werden, in dem das **schöpferische soziale Feld** aktiviert wird.

Meine Erfahrungen in 20 Jahren Arbeit mit *Theorie U* und auch mit anderen Veränderungsmethoden lässt sich so auf den Punkt bringen: Die Qualität von Ergebnissen, die ein System erzielt, hängt von der Qualität des Bewusstseins ab, auf dessen Basis die Menschen in diesem System handeln. Das heißt: **Form folgt Bewusstsein.**

1 Auf Wunsch des Autors werden in diesem Buch nach Möglichkeit genderneutrale Formen verwendet. Zuweilen wird nur die maskuline Form verwendet – dies geschieht zum Zweck der besseren Lesbarkeit. Selbstverständlich sind damit immer alle Menschen gemeint. Verlag und Autor hoffen auf Ihr Verständnis.

Danksagungen

Im Kern dieses Buches geht es zwar um eine neue Methode, bewusstseinsbasierten Systemwandel einzuleiten, aber es geht auch um den Weg des Selbst – in diesem Fall um den Weg *meines eigenen Selbst*, um den Weg eines Kindes, das auf einem Bauernhof aufwuchs, später Aktivist in sozialen Bewegungen war und dann anfing, Volkswirtschaften und den Aufbau von lernenden Infrastrukturen in Teams, Organisationen und auf gesellschaftlicher Ebene neu zu denken. Ein solcher Entwicklungsweg ist natürlich eingebettet in ein ganzes Beziehungsnetz, das die in diesem Buch beschriebene Arbeit miterschaffen hat.

Mein aufrichtiger Dank geht an das globale Netzwerk von Partnern und Mitarbeitern, die geholfen haben, (1) diesen Bezugsrahmen zu entwickeln, (2) die Methode zu verfeinern und (3) gemeinsam ein Narrativ und eine Bewegung entstehen zu lassen, die angesichts heutiger Herausforderungen nie zeitgerechter hätte sein können.

Ich verbeuge mich in tiefer Dankbarkeit vor denen, die das Presencing Institute mitgestaltet haben:

Die Mitbegründer:

- Katrin Käufer danke ich für ihre Pionierarbeit, in wertorientiert arbeitenden Banken neue Umfelder für Lernen zu entwickeln, indem sie intentionale Kapitalnutzung und Presencing-Praktiken miteinander verbunden hat.
- Arawana Hayashi danke ich für die Etablierung des *Social Presencing Theater*, einer neuen Methode und Kunstform für integriertes Wissen in sozialen Systemen.
- Kelvy Bird danke ich für die Entwicklung der Methode des *generativen Skizzierens*, das Presencing-Praktiken durch visuelle Übungen konkrete Formen gibt.
- Marian Goodman danke ich dafür, dass sie ein globales Ökosystem des Lernens um Presencing-Praktiken herum hat wachsen lassen.
- Dayna Cunningham danke ich dafür, dass sie uns beigebracht hat, wie man Presencing-Praktiken in komplexe Umfelder des systemischen Rassismus und der strukturellen Gewalt einführen kann.

- Ursula Versteegen danke ich dafür, dass sie einer auf Achtsamkeit bedachten Landwirtschaft und Bildung Presencing-Praktiken nahegebracht hat.
- Beth Jandernoa und dem Circle of Seven (ein Kreis, der sich mit Fragen der Intention und der kollektiven Aufmerksamkeitsfelder befasst) danke ich für ihre Unterstützung.

Das Kernteam des *u.lab*:

- Adam Yukelson danke ich für das gemeinsame Erschaffen der Plattform und der Inhalte des u.lab.
- Julie Arts danke ich für die Moderation von u.lab Hub Host und die Mitentwicklung des Ecosystem Leadership Programs.
- Angela Baldini, Florentina Baj und Simoon Fransen danke ich für die Moderation und Unterstützung der multilokalen Gemeinschaft von Hub Host und u.lab.
- Lili Xu und Jayce Lee danke ich dafür, dass sie u.lab China gegründet und darum herum ein erstaunliches landesweites Ökosystem von Innovationen aktiviert haben.
- Martin und Aggie Kalungu-Banda danke ich dafür, dass sie u.lab Africa und das Ubuntu Lab mitgestaltet und als Prototyp entwickelt haben und afrikaweit mit zahlreichen Initiativen der unterschiedlichsten Akteure zusammenarbeiten.

Unsere Partner des Kernteams in verschiedenen Weltgegenden:

- Frans Sugiarta, Dr. Ben Chan und Shobi Lawalata danke ich dafür, dass sie die Programme u.lab und IDEAS in Indonesien in Zusammenarbeit mit »UID« (United in diversity) mitmoderiert und deren Leitung mitübernommen haben.
- Julia Kim und Ha Vinh Tho danke ich dafür, dass sie die Messgröße Bruttonationalglück (BNG) und Presencing-Praktiken in Bhutan, Vietnam und Thailand miteinander kombiniert haben.
- Kenneth Hogg und Keira Oliver danke ich für die Umsetzung von u.lab in der schottischen Regierung, um eine neue Form der Gemeindeentwicklung zu aktivieren.
- Denise Chaer danke ich für ihre wegweisende Arbeit mit Food & Nutrition Lab in Brasilien.

- Katie Stubley danke ich für die Aktivierung der schöpferischen Felder auf Grundlage von Presencing-Praktiken in Australien.
- Manish Srivastava danke ich für die Integration der Presencing-Praxis in die von Gandhi inspirierten Veränderungsprozesse in Indien.
- Gene Toland danke ich für den Aufbau einer lateinamerikanischen Community of Practice.
- Reola Phelps und Wibo Koole danke ich für ihre Arbeit im Sustainable Food Lab in Äthiopien.
- Beth Mount danke ich für die Verknüpfung von Inklusionsarbeit und Social Presencing Theater.
- Liz Solms und Marie McCormick danke ich für die Führung unseres Bildungslabors (Education Lab) in Los Angeles.
- Dieter van den Broeck danke ich dafür, dass er den U-Prozess bei der Restaurierung von natürlichen Ökosystemen weltweit einsetzt.
- Susan Skeji und Kathryn Schuyler danke ich für die Zusammenarbeit hinsichtlich einer bewusstseinsbasierten Aktionsforschung.
- Ich danke John Heller und unseren Kollegen vom Synergos-Institut, die in Labor-Initiativen auf der ganzen Welt arbeiten.
- Ich danke Cherie Nursalim und unseren Kollegen von United in diversity (UID) in Indonesien, Singapur und China.
- Ich danke Claudia Madrazo und unseren Kollegen von La Vaca Independiente in Mexiko.
- Ich danke Wiebke König und Katharina Lobeck von der GIZ (Deutschen Gesellschaft für Internationale Zusammenarbeit) Global Leadership Academy.

Unser Kreis von Beratern und Vorstandsmitgliedern:

- Peter Senge, Edgar Schein, Arthur Zajonc, Diana Chapman Walsh, Eileen Fisher, Isabel Guerrero, Becky Buell, Antoinette Klatzky und Christian von Plessen danke ich dafür, dass sie das Presencing Institute von der Idee zum globalen Einfluss mitangeregt haben.

Und:

- Janice Spadafore danke ich für ihre erstaunliche Fähigkeit, dem ganzen dynamischen Chaos eine Struktur zu geben!

Mit großer Wertschätzung danke ich meinen Kollegen am MIT, unter anderem Deborah Ancona und Phil Thompson, sowie dem Präsidenten Rafael Reif und Sanjay Sarma, Vizepräsident am MIT für digitales Lernen, für seine Weitsicht bei der Entwicklung von MITx, edX und neuen Lernformen, in denen Plattformen wie *u.lab* gedeihen können.

Großer Dank geht auch an Joseph Jaworski, Brian Arthur, John Milton, Eleanor Rosch, Ikujiro Nonaka, Francisco Varela (1946–2001), Nan Huai-Chin, Henri Bortoft, Betty Sue Flowers, Michael Jung und Adam Kahane, die kritische Beiträge zur ersten Formulierung von *Theorie U* in den Büchern *Theory U* und *Presence* (zusammen mit Peter Senge, Joseph Jaworski und Betty Sue Flowers) leisteten.

Mein Dank gilt nicht zuletzt Katrin Käufer für ihre wertvollen Beiträge zu dem Manuskript; Barbara Mackay, Jan Byars und Rob Ricigliano danke ich für ihre Kommentare zum Entwurf; Janet Mowery dafür, dass sie dem Text ihr großes redaktionelles Geschick hat angedeihen lassen; Kelvy Bird dafür, dass sie die wunderbaren Abbildungen beigetragen hat; Jeevan Sivasubramaniam für den Vorschlag, dieses Buch zu schreiben; und den Teams von Berrett-Koehler und Carl-Auer danke ich dafür, dass sie das Manuskript zu einem Buch gemacht haben, das für die Leserschaft hoffentlich hilfreich und bedeutsam wird.

Ein Dank an euch alle.

Viel Freude beim Lesen!

Otto Scharmer
Cambridge, Massachusetts
April 2019

Teil I: Das soziale Feld sehen lernen

Oft höre ich, dass zwar viel über Veränderung geredet wird, aber genau genommen sehr wenig passiert. Meine Erfahrung ist eine andere. Ich habe in meinem Leben mehrere Male tektonische Verschiebungen erlebt. Ich habe sie erlebt, als 1989 die Berliner Mauer fiel – und mit ihr das System des Kalten Kriegs zusammenbrach. Ich habe sie erlebt, als in Südafrika die Rassentrennung aufgehoben wurde. Ich habe sie erlebt, als eine Jugendbewegung den ersten afroamerikanischen Präsidenten der Vereinigten Staaten von Amerika ans Ruder brachte. Ich sehe sie darin, wie sich in den letzten zwei oder drei Jahrzehnten das Zentrum der Weltwirtschaft von der westlichen Welt in den ostasiatischen Raum und von der analogen in die digitale Ökonomie verlagert hat. Und ich sehe sie nun im jüngsten Vormarsch von Autokraten, Nationalisten und illiberalen Rechtsbewegungen als Gegenreaktion auf eine einseitige Globalisierung und als eine Überschattung von einem weitaus bedeutsameren Grundphänomen unserer Zeit: dem Erwachen eines neuen Bewusstseins überall auf der Welt.

Auch wenn nicht alle diese Veränderungen zu einer tektonischen Verschiebung geführt haben, kann man meines Erachtens zu der Schlussfolgerung kommen: Heute *kann alles passieren*. Ich glaube, dass die wichtigste tektonische Verschiebung zu unseren Lebzeiten nicht hinter uns liegt, sondern direkt vor uns. Diese Verschiebung hat mit der **Transformation von kapitalistischen Strukturen, von Demokratie, Bildung und dem eigenen Selbst** zu tun.

1 Der blinde Fleck

Wir leben in einer Zeit tiefgreifender Möglichkeiten und Umbrüche; in einem Moment, der vom Verschwinden einer alten Mentalität und Organisationslogik geprägt ist und vom Erwachen eines neuen Bewusstseins und Verfahrens, schöpferische soziale Felder zu aktivieren. Was gerade stirbt und zerfällt, ist eine Welt des Mich-zuerst, des Je-größer-desto-besser und der von Sonderinteressen gesteuerten Entscheidungsfindung, die uns in einen Zustand der organisierten Verantwortungslosigkeit geführt hat.

Was gegenwärtig entsteht, lässt sich weniger deutlich umreißen. Es hat zu tun mit der Verschiebung vom **Ego**system-Bewusstsein zum **Öko**system-Bewusstsein – einem Bewusstsein, das auf das Wohlergehen aller gerichtet ist. An vielen Orten auf allen Erdteilen können wir tatsächlich das Erwachen dieses Bewusstseins und die ihm eigene Kraft miterleben: die Aktivierung der *Intelligenz des Herzens*. Gruppen, die auf der Basis eines solchen Bewusstseins handeln, können, um mit den Worten von Eleanor Rosch, Professorin für Kognitionspsychologie an der University of California, Berkeley, zu sprechen, »schockierend effektiv sein«.

Die Ansätze dieser Verschiebung muten – verglichen mit den enormen Herausforderungen, mit denen wir weltweit konfrontiert sind – vielleicht klein und unbedeutend an. Und in vielerlei Hinsicht sind sie es auch. Doch ich glaube, dass in ihnen die Keime für eine tiefgreifende *zivilisatorische Erneuerung* schlummern, die notwendig ist, um den Wesenskern unseres Menschseins zu schützen und weiter zu aktivieren.

Meine Kollegin und Mitbegründerin des Presencing Institute, Kelvy Bird, hält diese gefühlte Wahrnehmung im Bild eines Abgrunds (s. Abb. 1) fest.

Wenn wir uns auf die linke Seite des Bildes stellen, dann sehen wir eine Welt, die zerfällt und verschwindet (die Strukturen der Vergangenheit); auf der rechten Seite sehen wir die neuen mentalen und sozialen Strukturen, die gerade entstehen. Die Herausforderung ist, wie man den Abgrund überwindet, der die beiden Seiten trennt: Wie bewegt man sich von »hier« nach »da«?

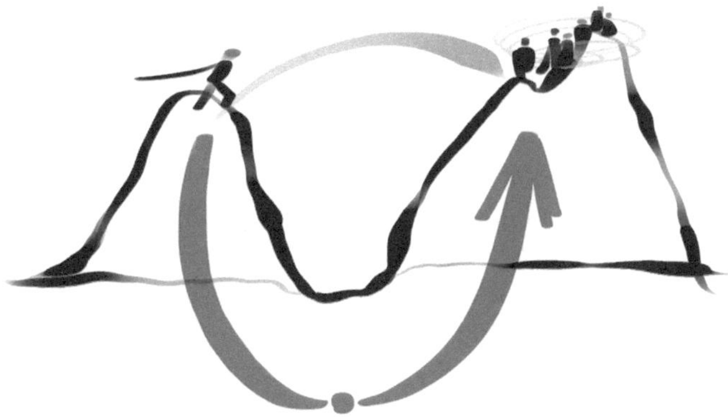

Abb. 1: Die Herausforderung des Umbruchs

Dieses Bild beschreibt, kurz gesagt, den Gang dieses Buches: den Weg über den Abgrund, d. h. von einer jetzigen Realität, die an der Vergangenheit orientiert ist, hin zu einer entstehenden Zukunft, die von unserem höchsten Zukunftspotenzial inspiriert ist.

Drei Abgründe

Dieser Weg ist heutzutage wichtiger als je zuvor. Wenn wir auf die heutige Situation blicken, sehen wir drei Abgründe. Diese sind:

- der *ökologische Abgrund*: eine noch nie da gewesene Umweltzerstörung – die zum Verlust der Natur führt.
- der *soziale Abgrund*: ein Auseinanderfallen der Gesellschaft, eine Polarisierung und Fragmentierung, die zum Verlust des sozialen Zusammenhalts führt.
- der *spirituelle Abgrund*: steigende Zahlen von Burnout-Fällen und Depressionen – was zum Sinnverlust und zum Verlust der Wahrnehmung vom eigenen Zukunftspotenzial führt.

Der ökologische Abgrund lässt sich in einer einzigen Zahl zusammenfassen: 1,7. Derzeit verbraucht unsere Volkswirtschaft die Ressourcen von 1,7 Planeten. Wir beuten die Regenerationsfähigkeit unseres Planeten Erde um das 1,7-Fache aus. Und das ist nur eine globale Durchschnittszahl. Die Vereinigten Staaten beispielsweise beuten den Planeten um mehr als das Fünffache aus.

Der soziale Abgrund lässt sich mit einer anderen Zahl abbilden: 26 Milliardäre besitzen so viel wie die Hälfte der gesamten Menschheit. Ja, das stimmt. Eine kleine Gruppe von Menschen, die man in einem einzigen Bus unterbringen kann, besitzt mehr als die ärmere Hälfte der Weltbevölkerung, d. h. 3,8 Milliarden Menschen.

Der spirituelle Abgrund lässt sich mit der Zahl 800.000 resümieren. Jährlich begehen mehr als 800.000 Menschen Suizid – eine Zahl, die größer ist als die Summe aller Menschen, die durch Krieg, Mord und Naturkatastrophen getötet werden. Alle 40 Sekunden ereignet sich ein Suizid.

Im Wesentlichen erzeugen wir kollektiv Ergebnisse, die (fast) niemand wünscht. Zu diesen Resultaten zählen die Zerstörung der Natur, der Verlust von Gesellschaft und der Verlust des eigenen Selbst.

Im 19. Jahrhundert war die öffentliche Diskussion vielerorts auf die Entstehung der sozialen Kluft fokussiert. Im 20. Jahrhundert erlebten wir die Entstehung der ökologischen Kluft, vor allem im letzten Drittel des Jahrhunderts. Auch sie hat unser öffentliches Bewusstsein geprägt.

Und zu Beginn des 21. Jahrhunderts erleben wir die Entstehung einer spirituellen Kluft. Angefacht durch die massiven technologischen Umbrüche, die wir seit der Geburt des WorldWideWeb in den 1990er-Jahren beobachten, wird bis 2050 etwa die Hälfte unserer Arbeitsplätze aufgrund von technischen Entwicklungen wegfallen. Wir sind mit einer Zukunft konfrontiert, die »uns nicht mehr braucht«, um mit den Worten des Informatikers und Mitbegründers von Sun Microsystems, Bill Joy, zu sprechen, und die uns ihrerseits zwingt, unser Menschsein neu zu definieren und zu entscheiden, in welcher Art von Gesellschaft wir zukünftig leben und wie wir diese gestalten wollen. Bewegen wir uns nach den vielfältigen Gewaltherrschaften, wie wir sie im 20. Jahrhundert gesehen haben, jetzt auf eine Tyrannei der Technologie zu? Das ist eine der Fragen, auf die wir treffen, wenn wir in den oben beschriebenen Abgrund blicken.

Mit anderen Worten: Wir leben in einer Zeit, in der unser Planet, unser gesellschaftliches Ganzes und der Wesenskern unserer Menschlichkeit angegriffen werden. Das mag vielleicht etwas dramatisch klingen, aber ich bin davon überzeugt, dass diese Beschreibung die Bedeutung des historischen Augenblicks, in dem wir leben, sogar noch untertrieben ist.

Wo gibt es Hoffnung? Die größte Quelle der Hoffnung liegt darin, dass immer mehr Menschen, vor allem junge Menschen, erkennen, dass die drei Abgründe keine voneinander getrennten Probleme sind. Sie sind eigentlich verschiedene Symptome und Spielarten von **ein und demselben** Grundproblem. Welches Problem ist das? Der blinde Fleck.

Der blinde Fleck

Den blinden Fleck gibt es im Kontext von Führung, Management und sozialem Wandel. Es ist ein blinder Fleck, der auch unser alltägliches soziales Erleben betrifft. Der blinde Fleck bezieht sich auf den inneren Ort – die Quelle –, aus der unser Wirken hervorgeht, wenn wir handeln, kommunizieren, wahrnehmen oder denken. Wir sehen, *was* wir tun (Resultate). Wir sehen, *wie* wir es tun (Prozess). Aber meistens wissen wir nichts über das *Woher*: über den inneren Ort bzw. die *Quelle*, aus der unser Wirken entspringt (Abb. 2).

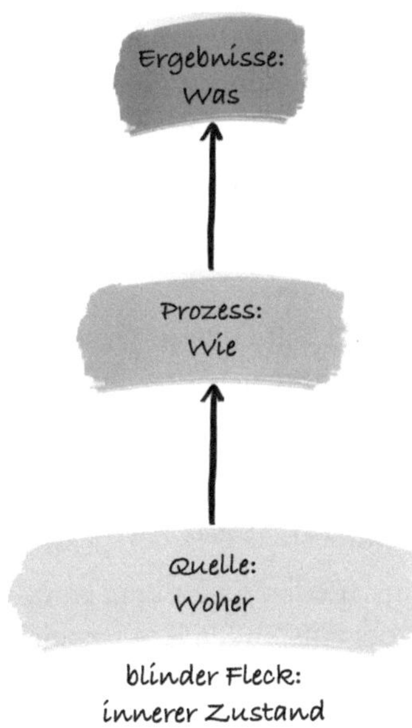

Abb. 2: Der blinde Fleck von Führung

Dem blinden Fleck begegnete ich zum ersten Mal, als ich mit Bill O'Brien, dem langjährigen CEO von Hanover Insurance, sprach. Seine Erkenntnis aus vielen Jahren transformativer Veränderungsprozesse in seinem Unternehmen fasste er wie folgt zusammen: **»Der Erfolg einer Intervention hängt vom inneren Zustand des Intervenierenden ab.«**

O'Briens Feststellung öffnete mir die Augen: Was zählt, ist nicht nur das, was eine Führungskraft tut und wie sie es tut, sondern auch ihr »innerer Zustand« – d. h. ihre innere *Quelle*.

Es dämmerte mir, dass Bill O'Brien auf eine tiefere Dimension (die Quelle) hinwies, aus der unsere Handlungen, Kommunikation und Wahrnehmungen hervorgehen und die es uns erlaubt, einen neuen Raum zukünftiger Möglichkeiten zu erspüren und zu beschreiben.

Die Qualität unserer Aufmerksamkeit ist eine weitgehend unsichtbare Dimension unseres alltäglichen sozialen Erlebens – ob in Organisationen, Institutionen oder auch im persönlichen Leben. In unserem alltäglichen Handeln wissen wir meistens sehr wohl, *was* wir tun und *wie* wir es tun – d. h., wir kennen den Prozess. Stellt man uns aber die Frage, *woher* unser Handeln kommt, könnten die meisten von uns keine klare Antwort darauf geben. In meinen Forschungen bezeichne ich diesen Ursprung unseres Handelns und unserer Wahrnehmungen als *Quelle* oder *Quellpunkt*.

Vor der leeren Leinwand

In meinem Gespräch mit Bill O'Brien wurde mir klar, dass wir Tag für Tag sowohl auf sichtbaren als auch auf unsichtbaren Ebenen interagieren. Um diesen Punkt besser zu verstehen, sollten wir die Arbeit eines Künstlers betrachten.

Kunst lässt sich aus mindestens drei Perspektiven betrachten:

- Wir können uns auf den *Gegenstand* konzentrieren, der in dem kreativen Prozess entstanden ist – beispielsweise ein Gemälde.
- Wir können uns auf den *Prozess* konzentrieren, also beobachten, wie die Künstlerin das Bild malt.
- Oder wir können die Künstlerin in dem Augenblick beobachten, wenn sie vor der *leeren Leinwand* steht.

Anders ausgedrückt: Wir können das Kunstwerk betrachten, nachdem es *geschaffen* wurde, *während* es entsteht oder *bevor* es entsteht.

Wenn wir diese Analogie auf Veränderungsmanagement anwenden, können wir die Arbeit des Erfinders, des Veränderungsmachers, der Führungskraft aus drei ähnlichen Blickwinkeln betrachten. Erstens können wir anschauen, *was* Führungskräfte und Menschen, die etwas verändern möchten, tun. Aus dieser Perspektive sind schon viele Bücher geschrieben worden. Zweitens können wir anschauen, *wie* eine Führungskraft vorgeht, d. h., welche Prozesse sie aktiviert. Aus dieser Prozess-Perspektive wurden in den letzten 20 Jahren Bücher über Management und Führung geschrieben.

Doch aus der Perspektive der leeren Leinwand haben wir die Führung nie systematisch betrachtet. Die bisher nicht beantwortete Frage lautet: Aus welchen *Quellen* entsteht das Handeln von Führungskräften und Veränderungsmachern? Zum Beispiel: Welche Qualität des Zuhörens, welche Qualität der Aufmerksamkeit bringe ich in eine Situation ein und wie verändert diese Qualität die Muster der Interaktion?

Die Diskussion über die drei Abgründe lässt sich so zusammenfassen: Während die ökologische Kluft eine Bruchlinie zwischen *Selbst* und *Natur* und die soziale Kluft eine Bruchlinie zwischen *Selbst* und dem *Anderen* darstellt, erwächst die spirituelle Kluft aus einem Bruch zwischen dem *Selbst* und dem *Höheren Selbst* – das heißt zwischen dem, der ich *heute* bin, und dem, der ich *morgen* sein könnte, also meiner höchsten Zukunftsmöglichkeit.

Ankunft am MIT

Als ich vor etwa 24 Jahren aus Deutschland kam, um am MIT zu arbeiten, wollte ich lernen, wie ich Menschen, die in der Gesellschaft etwas verändern möchten, helfen könnte, die großen Herausforderungen und Umbrüche zu bewältigen, auf die wir immer wieder treffen. An dem damals neu gegründeten MIT Organisational Learning Center (OLC), das von Peter Senge, dem Autor von *Die fünfte Disziplin*, geleitet wurde, kam eine einzigartige Konstellation führender Vertreter der Aktionsforschung aus dem MIT und von der Harvard University zustande, darunter Edgar Schein, Chris Argyris, Don Schön, William Isaacs und viele andere. Dieses Buch ist stark geprägt und inspiriert von der Chance, in diesem Netzwerk und wunderbaren Kollegen- und Freundeskreis wie auch zusammen mit vielen anderen geschätzten Mitarbeitenden aus anderen Institutionen und anderen Orten arbeiten zu dürfen.

Wenn ich heute auf meinen Weg zurückblicke, fallen mir drei wichtige Erkenntnisse auf, die meinem Vorhaben, den blinden Fleck zu erforschen, Gestalt gegeben haben.

Von der im Entstehen begriffenen Zukunft lernen

Meine erste Erkenntnis ist recht elementar. Nämlich: Es gibt zwei unterschiedliche Quellen des Lernens: (1) Lernen, indem man über die *Vergangenheit* nachdenkt, und (2) Lernen, indem man *entstehende Zukunfts*möglichkeiten erspürt und verwirklicht.

Alle herkömmlichen Methoden des organisationalen Lernens funktionieren nach demselben Lernmodell: Lernen, indem man über frühere Erfahrungen nachdenkt. Doch dann stellte ich immer wieder fest, dass in Organisationen die meisten Führungskräfte täglich mit Herausforderungen konfrontiert waren, denen man nicht einfach dadurch begegnen kann, dass man über die Vergangenheit nachdenkt. Manchmal sind früh gemachte Erfahrungen nicht hilfreich und stellen vielleicht sogar die Hindernisse dafür dar, dass ein Team eine Situation nicht mit neuen Augen sehen kann.

Anders ausgedrückt: Aus der Vergangenheit lernen ist notwendig, aber nicht hinreichend. Alle umwälzenden Herausforderungen verlangen, dass wir uns der Sache mit einer neuen Herangehensweise nähern. Sie verlangen, dass wir uns entschleunigen, innehalten, die wichtigen Antriebskräfte der Veränderung erspüren, die Vergangenheit loslassen und die Zukunft, die entstehen möchte, kommen lassen.

Aber was ist notwendig, um von der im Entstehen begriffenen Zukunft zu lernen? Als ich diese Frage stellte, schauten mich viele Menschen mit einem ausdruckslosen Blick an: »Von der Zukunft lernen? Wovon sprechen Sie?« Viele meinten, es sei eine verschrobene Frage.

Doch es war genau diese Frage, an der sich meine Forschungsreise über mehr als 20 Jahre lang orientiert hat. Das Besondere an uns Menschen ist, dass wir uns mit einer entstehenden Zukunft in Verbindung setzen können. Genau das zeichnet uns als Menschen aus. Wir können die Muster der Vergangenheit sehen, durchbrechen und neue Muster schaffen. Keine andere Spezies auf der Erde ist dazu imstande. Bienen beispielsweise organisieren sich vielleicht mit einer höheren kollektiven Intelligenz; aber sie haben keine Möglichkeit, ihr Organisationsmuster zu ändern. Wir als Menschen sind dazu aber in der Lage.

Man kann es auch anders formulieren. Wir haben die Gabe, in zwei sehr unterschiedliche Zeitqualitäten und Zeitströme einzutauchen und uns in ihnen zu bewegen. Da ist zum einen die Qualität der Gegenwart, die sich als Verlängerung der Vergangenheit konstituiert. Der gegenwärtige Augenblick bestimmt sich aus dem, was gewesen ist. Da ist zum anderen die Qualität des gegenwärtigen Erlebens, das sich als Öffnung zu einem Feld zukünftiger Möglichkeit konstituiert. Der gegenwärtige Augenblick ist geprägt von dem, was anwesend werden möchte: die Gegenwart als Ankunftsgeschehen. Diese tiefere Zeitqualität, wenn wir uns ihr gegenüber öffnen, ist das Feld, in dem wir *Presencing* erleben können: das Erspüren und Vergegenwärtigen des höchsten zukünftigen Potenzials. Der Begriff Presencing ist eine Kombination aus »sensing« (erspüren) und »presence« (Gegenwart). Er bedeutet, sein höchstes Zukunftspotenzial zu erspüren und umzusetzen. Wann immer wir es mit Umbrüchen zu tun haben, ist es dieser zweite, aus der Zukunft entgegenlaufende Zeitstrom, der uns erlaubt, neue Impulse in die Welt zu setzen. Denn ohne eine solche Verbindung zur entstehenden Zukunft tendieren wir am Ende dazu, zu Opfern, statt zu Mitgestaltern von Umbrüchen zu werden.

Wie können wir uns als Individuen, Organisationen und als Ökosysteme mit diesem zweiten Zeitstrom in Verbindung bringen? An dieser Frage hat sich mein Forschungsweg in den letzten 20 Jahren orientiert. Das Ergebnis ist die Beschreibung eines *tieferen Lernzyklus*, der nach einer anderen Form von Prozess funktioniert, einem, der uns zu den Rändern des jeweiligen Systems führt, uns mit unseren tieferen Quellen von Wissen verbindet und uns dazu ermuntert, die Zukunft durch praktisches Handeln zu erkunden. Dieser tiefere Lernzyklus trifft sowohl auf unser Berufsleben als auch auf unser persönliches Leben zu. Als 16-Jähriger hatte ich beispielsweise ein Erlebnis, das mir einen Vorgeschmack davon gegeben hat, wie es aussieht und sich anfühlt, wenn man aus dem Feld des gewohnheitsmäßigen Handelns herausgerissen wird.

Im Anblick des Feuers

Als ich an jenem Morgen unseren Bauernhof verließ, um zur Schule zu gehen, hatte ich keine Ahnung, dass ich mein Elternhaus zum letzten Mal sehen würde, einen großen, 350 Jahre alten Bauernhof. Es war ein ganz gewöhnlicher Schultag, bis etwa ein Uhr, als der Lehrer mich aus der Klasse rief und sagte, ich solle nach Hause gehen. Ich hatte keine Ahnung, was passiert sein könnte, hatte aber das Gefühl, dass es nichts Gutes war. Nach der üblichen einstündigen Zugfahrt rannte ich zum Bahnhofsausgang und warf mich in ein Taxi. Noch lange, bevor das Taxi auf unserem Hof ankam, sah ich riesige graue und schwarze Rauchwolken. Mein Herz klopfte, als sich das Taxi unserer langen Hofeinfahrt näherte. Ich erkannte Nachbarn, Feuerwehrleute und Polizisten. Ich sprang aus dem Taxi und rannte durch die Menge, die sich versammelt hatte, den letzten halben Kilometer unserer kastaniengesäumten Einfahrt hinauf. Als ich den Hof erreichte, traute ich meinen Augen nicht. Die Welt, in der ich mein ganzes bisheriges Leben verbracht hatte, war verschwunden. In Flammen und Rauch aufgegangen.

Als die Wirklichkeit des vor mir lodernden Feuers mir so langsam ins Bewusstsein drang, hatte ich das Gefühl, als ob mir jemand den Boden unter den Füßen weggezogen hätte. Der Ort meiner Geburt, meiner Kindheit und Jugend war weg. Als ich dort stand, die Hitze des Feuers in mir aufnahm und spürte, wie sich die Zeit verlangsamte, erkannte ich, wie verbunden ich mit all den Dingen gewesen war, die das Feuer nun zerstörte. Alles, von dem ich dachte, das sei ich, war entschwunden. Alles? Nein, vielleicht nicht alles; denn ich spürte, dass ein winziger Teil meines Selbst noch am Leben war. *Jemand* war noch da, der dies alles beobachtete. Wer?

In diesem Moment wurde mir klar, dass es von meinem Selbst noch eine andere Dimension gab, die ich zuvor nicht gekannt hatte, eine Dimension, die mit dem Sehenden und seinen Zukunftsmöglichkeiten zusammenhing. In diesem Augenblick fühlte ich mich hochgehoben, ein wenig aufwärts über meinen physischen Körper hinaus, und begann, die Szenerie von diesem Ort aus zu beobachten. Ich spürte, wie sich meine Gedanken- und Wahrnehmungswelt verlangsamte, beruhigte und erweiterte. Ich merkte, dass ich gar nicht die Person war, die zu sein ich geglaubt hatte. Mein wirkliches Selbst war nicht mit dem materiellen Besitz verbunden, der gerade in den Trümmern verglühte. Ich wusste plötzlich, dass ich, mein wahres

Selbst, noch am Leben war! Ich war dieses »Ich«, das der Seher war. Und dieser Seher war lebendiger, wacher, wesentlich präsenter als das »Ich«, welches ich zuvor gekannt hatte. Nicht mehr belastet durch die materiellen Beitztümer, die das Feuer gerade verschlungen hatte und von denen nichts mehr übrig war, fühlte ich mich leichter und frei, dem anderen Teil meines Selbst zu begegnen, dem Teil, der mich in die Zukunft zog – in *meine* Zukunft – in eine Welt, die darauf wartete, dass ich sie Wirklichkeit werden lasse.

Am Tag darauf kam mein 87-jähriger Großvater auf den Hof, was sein letzter Besuch dort werden sollte. Er hatte seit 1890 sein ganzes Leben auf dem Hof verbracht. Weil er sich einer ärztlichen Behandlung unterziehen musste, war er die Woche vor dem Feuer weg gewesen, und als er am Tag nach dem Feuer auf den Hof kam, sammelte er seine letzten Kräfte, stieg aus dem Auto aus und ging direkt zu der Stelle, wo mein Vater mit dem Aufräumen beschäftigt war. Ohne dass er die kleinen Feuer, die immer noch um das Anwesen herum brannten, zu bemerken schien, ging er auf meinen Vater zu, nahm seine Hand und sagte: »Kopf hoch, mein Junge, blick nach vorn!« Dann sagte er noch irgendetwas, drehte sich um, ging zurück zu dem wartenden Auto und verschwand. Wenige Tage später starb er friedlich.

Dass mein Großvater in der letzten Woche seines Lebens imstande war – nachdem so viel von dem, was er sein ganzes Leben lang bewirtschaftet hatte, in Flammen aufgegangen war –, sich auf die entstehende Zukunft zu konzentrieren, statt auf den Verlust der Vergangenheit zu reagieren, machte einen großen Eindruck auf mich.

Erst viele Jahre später, nachdem ich damit angefangen hatte, mich mit der Frage zu befassen, wie sich von einer entstehenden Zukunft statt von der Vergangenheit her lernen lässt, begann ich mit meiner, wie ich heute denke, wichtigsten Arbeit. Doch der Keim dafür lag in dieser frühen Erfahrung.

Das Gefäß bilden

»Ich hasse es, wenn jemand sagt, ›es gibt zwei Arten von Menschen‹«, sagte Edgar Schein, mein Mentor am MIT, eines Tages zu mir. Dann fuhr er mit einem Anflug von Lächeln fort: »Aber es gibt tatsächlich zwei Arten von Menschen: solche, die Prozesse verstehen, und solche, bei denen das nicht der Fall ist.«

Edgar Schein hat recht. Einen **Prozess** verstehen heißt, das Werden unserer sozialen Beziehungen zu verstehen. Möchte man beispielsweise aus einer dysfunktionalen Beziehung zwischen Akteuren eine funktionierende Beziehung machen, kann man den Beteiligten nicht einfach sagen: »So, jetzt verhaltet euch mal komplett anders.« Man muss weiter stromaufwärts im Prozess ansetzen, in dem soziale Wirklichkeit entsteht. Man muss das *Werden* dieser Beziehung von einem Modus in einen anderen, z. B. vom reaktiven in einen co-kreativen Modus, überführen.

Von zwei Arten von Menschen können wir ebenfalls sprechen, wenn es um die »Quelle« der Kreativität geht: solche, die soziale *Gefäßbildung* verstehen, und solche, bei denen das nicht der Fall ist. Der Begriff Gefäßbildung stammt aus der Moderatorensprache und bezeichnet die Bildung eines zuverlässigen schützenden Raumes. In Organisationen findet man oft Vorstandsvorsitzende und Führungskräfte, die solche Räume nicht schaffen. Sie glauben, Verhaltensveränderung sei einfach dadurch zu bewirken, dass sie Reden halten und der Organisation Instrumente verordnen. Instrumente sind natürlich wichtig. Aber sie werden auch oft überbewertet, weil sie so sichtbar sind. Doch was meistens unterbewertet wird, das ist der Stoff, den das Auge nicht sieht – beispielsweise die weniger sichtbaren Elemente eines zuverlässigen schützenden Raumes: Intention, Aufmerksamkeit und die subtilen Qualitäten des intensiven Zuhörens. Ein gutes Gefäß zu bilden heißt einen zuverlässigen schützenden Raum für einen *generativen sozialen Prozess* schaffen.

Ein Großteil des üblichen Sprachgebrauchs und viele der Werkzeuge für Veränderungsprozesse erweisen sich hier nur teilweise als nützlich. Nehmen wir beispielsweise die oft gebrauchte Beschreibung »Veränderung vorantreiben«. Hast Du schon einmal deine Familie gefragt, was sie davon hält, wenn Du deren Beziehungsnetz dazu »antreiben« würden, sich zu verändern? Viel Glück damit. Die Realität, einen tiefgreifenden Wandel zu begleiten, hat wenig damit zu tun, dass eine Person die andere zur Veränderung »antreibt«. Das ist die falsche Metapher, der falsche Ansatz. Hilfreicher ist meiner Ansicht nach die Landwirtschaftsmetapher.

Damit komme ich zu meiner dritten Erkenntnis und auch zurück zu meinen Wurzeln.

Soziale Felder

Ich wuchs auf einem 350 Jahre alten Bauernhof in der Nähe von Hamburg auf. Vor 60 Jahren beschlossen meine Eltern, die Produktionsweisen der konventionellen industriellen Landwirtschaft (Einsatz von Schädlingsbekämpfungs- und Unkrautvernichtungsmitteln sowie von Kunstdünger) aufzugeben und stattdessen nach biologisch-dynamischen Produktionsweisen zu arbeiten (Fokussierung darauf, das symbiotische Ökosystem des Hof-Organismus zu kultivieren). Jeden Sonntag nahmen meine Eltern mich, meine Schwester und meine beiden Brüder auf einen *Feldgang* über die Äcker unseres Hofs mit. Ab und zu machte mein Vater halt, hob einen Klumpen Erde aus der Furche, damit wir die unterschiedlichen Arten und Strukturen des Bodens erkennen lernten. Die Qualität des Bodens, erklärte er, hänge von vielen Millionen von Organismen ab, die in jedem Kubikzentimeter Erde leben und deren Arbeit notwendig sei, damit der Boden atmen und sich als lebendiger Organismus entwickeln könne.

Genauso wie bei jenen Feldgängen in meiner Jugend wird dieses Buch dich auf eine ähnliche Reise mitnehmen, auf der wir ab und zu innehalten und eine Fallgeschichte oder eine Erfahrung untersuchen, die uns die tieferliegenden Strukturen des *sozialen Feldes* verstehen helfen. Und genauso, wie der Biobauer komplett von der lebenden Qualität des Bodens abhängt, sind Sozialpioniere von der lebenden Qualität des sozialen Feldes abhängig. **Ein soziales Feld ist nach meiner Definition Ausdruck der Qualität von Beziehungen, die zu Mustern des Denkens, Kommunizierens und Organisierens führen, die ihrerseits praktische Resultate hervorbringen.**

Und genauso wenig, wie der Landwirt eine Pflanze zum schnelleren Wachstum »antreiben« kann, kann man in einer Organisation oder einer Gruppe praktische Resultate durch Verordnung erzwingen. Stattdessen muss die Aufmerksamkeit auf die Verbesserung der Bodenqualität gerichtet werden. Was ist mit der Qualität des sozialen Bodens gemeint? Sie bezieht sich auf die Qualität von Beziehungen zwischen Individuen, Teams und Institutionen, die kollektives Verhalten und praktische Resultate hervorbringen.

Im Rückblick erkenne ich, dass mein Weg in den letzten 40 Jahren eine Reise war, auf der ich soziale Felder erkundet, untersucht und »beackert« habe. **Meine Eltern beackerten die Felder des Bauernhofs. Meine Kollegen und ich beackern soziale Felder. Und wenn du**

zufällig Manager, Führungskraft, Erzieher, Unternehmer, Künstler, Therapeut, Elternteil oder Menschenrechtler bist, ist das wahrscheinlich auch deine Rolle.

Die tieferen Erfahrungen und Ebenen des sozialen Feldes, wie sie hier beschrieben werden, sind jedem vertraut, der sich für soziale Bewegungen, Unternehmensgründungen oder Veränderungsinitiativen einsetzt. Ich selbst engagierte mich zuerst in den Umwelt-, Öko-, Antiatomkraft- und Friedensbewegungen der späten 1970er- und frühen 1980er-Jahre und gründete später mit einem Kreis von Weggefährten und Kolleginnen das Presencing Institute, ein weltweit agierendes Sozialunternehmen. Später im Buch werde ich auf einige dieser Erfahrungen eingehen. An dieser Stelle möchte ich deine Aufmerksamkeit nur auf die Tatsache lenken, dass keine dieser Erfahrungen einzigartig oder außergewöhnlich ist.

Im Gegenteil: Sie sind eigentlich recht gewöhnlich. Viele Menschen machen sie. Und ja, sie lassen einen wirklich »über den Tellerrand hinausschauen« – genauso, wie das Erleben des Brandes mich für einen oder zwei Augenblicke von meinem physischen Körper entfernte. Dabei erleben viele Menschen solche Dinge viel öfter, als uns bewusst ist.

2 *Theorie U:* Form folgt Bewusstsein

Bei *Theorie U* geht es um die zentrale Frage, wie Individuen, Gruppen und Organisationen ihr höchstes Zukunftspotenzial erspüren und verwirklichen können.

Der berühmte Satz des Philosophen René Descartes ist dir bestimmt geläufig: »Ich denke, also bin ich.« Das ist allerdings nicht der Ausgangspunkt von *Theorie U*. Aus dem Blickwinkel von *Theorie U* würden wir sagen: *Ich bin achtsam* (auf diese Weise), *also ergibt sich das Folgende* (in jener Weise). Ein Beispiel: Die Qualität meines Zuhörens gestaltet mit, wie sich ein Gespräch entfaltet. Allgemeiner gesagt: Die Qualität von Ergebnissen, die ein soziales System erzielt, hängt von dem *Bewusstsein* ab, auf dessen Basis die Menschen in diesem System handeln. Das heißt: **Form folgt Bewusstsein**.

Das System dazu bringen, sich selbst zu sehen

In den vergangenen Jahrzehnten habe ich sehr oft erlebt, wie Gruppen oder Systeme – manchmal große, manchmal kleine – eine subtile Bewusstseinsveränderung in der Art durchmachen, wie die Mitglieder dieser Gruppen ihr System wahrnehmen und sehen.

In Abbildung 3 wird die hier relevante mentale Veränderung beschrieben: Das System wird nicht mehr als etwas »da draußen Befindliches« (Abb. 3a) gesehen, sondern es wird aus einer Perspektive wahrgenommen, die das eigene Selbst einschließt (Abb. 3b).

Wenn diese Umwendung des Beobachtungsstrahls zurück zu den Quellen der eigenen Wirksamkeit auf individueller Ebene geschieht, sprechen wir von *Achtsamkeit*. Achtsamkeit ist die Fähigkeit, sich auf das Erleben des gegenwärtigen Augenblicks einzulassen, während man *der eigenen Aufmerksamkeit gegenüber aufmerksam wird.*

Wenn diese Umwendung der Aufmerksamkeit in einer Gruppe geschieht, sprechen wir von *Dialog*. Dialog heißt nicht, dass Menschen miteinander reden. Dialog ist die *Fähigkeit eines Systems, sich selbst zu sehen,* seine eigenen Muster zu sehen, seine eigenen Annahmen in den Lichtkegel der Aufmerksamkeit zu rücken.

Diese Umwendung des individuellen und kollektiven Sehens macht natürlich auch den Wesenskern des *systemischen Denkens* aus: das System dazu bringen, sich selbst zu sehen. Oder wie wir im

Rahmen von *Theorie U* sagen würden: **ein System dazu bringen, sich selbst zu *erspüren* und zu *sehen*.**

Abb. 3a: Das System »da draußen« sehen (eigene Darstellung nach Gradert)

Abb. 3b: Den Beobachtungsstrahl umbiegen, um das System und das eigene Selbst zu sehen (eigene Darstellung nach Gradert)

Wenn du dich mit Veränderungsmanagement beschäftigst, weißt du, dass die Hauptaufgabe in einem solchen Prozess darin besteht, den Menschen zu helfen, den Schritt von einer »Silosicht« zu einer systemischen Sicht – oder wie wir sagen würden: vom *Ego*system-Bewusstsein zum *Öko*system-Bewusstsein – der betreffenden Problemlage zu vollziehen.

Was mich am meisten überrascht, ist der Umstand, wie zuverlässig wir Bedingungen schaffen können, die eine solche Art der Umwendung der Aufmerksamkeit und des Bewusstseins möglich machen. Man kann diese paradigmatische Veränderung nicht erzwingen. Man kann die soziale Realität nicht biegen wie ein Stück Metall, indem man von außen darauf einhämmert. Aber man kann einige innere und äußere Bedingungen schaffen, die es einer Gruppe, Organisation oder einem System erlauben, sich von der Warte des größeren Ganzen aus zu erspüren und zu sehen.

Ich werde oft gefragt: Wie bist du eigentlich auf die Idee mit dem U-Konzept gekommen? Wo liegen die Ursprünge dieser Idee? In diesem Kapitel beschreibe ich Erfahrungen und Überlegungen, die die Ursprünge von *Theorie U* beleuchten. Alle zitierten Interviews finden sich auf der Website des Presencing Institute unter *Dialogue on Leadership* (www.presencing.org).

Ein Moment des Sehens

Kurz nachdem ich 1994 ans MIT gekommen war, sah ich eine von Peter Senge und Richard Ross, dem Mitautor von *Das Fieldbook zur fünften Disziplin*, moderierte Live-Videopräsentation zum Thema organisationales Lernen. Nach einer Frage aus dem Publikum ging Richard Ross zur Tafel und skizzierte das »Eisbergmodell« des Systemdenkens mit folgenden Worten:

Struktur
Prozess
Denkmodelle

Als ich diese Worte sah, wurden mir zwei Dinge klar. Zum einen, dass alle organisationale und soziale Veränderung auf verschiedenen Ebenen stattfindet. Zum anderen, dass es unter den drei auf der Tafel skizzierten Ebenen noch eine vierte Ebene geben muss. Als ich die drei Worte niederschrieb, fügte ich spontan eine vierte Ebene hinzu, die die *Quelle* repräsentiert. Später bezeichnete ich diese Ebene als »Presencing«.

Kurz darauf verband ich diese vier Ebenen mit dem Erscheinungsbild des Buchstaben U: Man bewegt sich auf der linken Seite des U von der Oberfläche her zum Quellpunkt und unterscheidet dabei Wahrnehmungsebenen (Projektion alter Muster, Wahrnehmung eines Gegenstandes, Wahrnehmung meines Wahrnehmungsprozesses, Intuition: Wahrnehmung und Erschließung der tieferen Quellen), und dann bewegt man sich auf der rechten Seite des U hinauf und passiert die korrespondierenden Handlungsebenen (vergegenwärtigen [envisioning], erproben [enacting], verkörpern [embodying]).

Weshalb habe ich die U-Form verwendet? Erstens wollte ich einen *Prozess* beschreiben, der die vier Systemebenen des Eisbergs zutage fördert. Zweitens hatte ich Jahre zuvor an zwei Stellen eine andere U-Version gesehen. Eine fand sich in der Arbeit von Friedrich Glasl, dem österreichischen Kollegen und Experten für Organisationsentwicklung und Konfliktlösung. Er benutzt in seinem Modell das U dafür, die Ebenen von Identität, Mensch und Politik zu unterscheiden vom technisch-materiellen Bereich von Organisationen. Die andere Stelle, an der das U ein Entwicklungsprinzip beschreibt, fand ich in der Arbeit des Pädagogen und sozialen Innovators des frühen 20. Jahrhunderts Rudolf Steiner. Seine Schriften waren nicht nur für mich die entscheidende Inspirationsquelle, sondern auch für Glasl. Wenn man also jemandem die Entstehung vom U-Prozess des evolutionären Denkens zuschreiben wollte, sollte dies Rudolf Steiner sein. Als radikaler sozialer Erneuerer hat Steiner einen nachhaltigen Einfluss; zu seinen institutionellen Erneuerungen zählen Waldorf-Pädagogik, biodynamische Landwirtschaft, anthroposophisch-ganzheitliche Medizin, Phänomenologie und ein innerer meditativer Weg der menschlichen Entwicklung.

Der Prozess: Drei Bewegungen

Viereinhalb Jahre später. Anfang 1999 reiste ich mit meinem guten Freund und Kollegen Joseph Jaworski, dem Autor von *Synchronizität: Der innere Weg von Führung*, nach Xerox PARC im kalifornischen Palo Alto, einem Forschungszentrum im Herzen von Silicon Valley. Es ist ein Ort, der einmal ein Team beherbergte, das viele auch heute noch für eines der kreativsten Teams aller Zeiten halten. Dieses Team entwickelte unter anderem den Laserdruck, das Ethernet, den modernen Personal-Computer, die grafische Benutzeroberfläche und andere Schlüsselprodukte für das, was später zu einer Milliardenindustrie wurde. Paradoxerweise konnte das Mutterunternehmen Xerox aus diesen Erfindungen nie Kapital schlagen. Aber jemand anderes tat dies: Steve Jobs. Der Aufstieg von Apple basierte im Grunde darauf, dass er sämtliche Schlüsselideen, die er bei Xerox PARC sah, zusammenfügte. Aber zurück zu unserem Treffen.

Wir trafen W. Brian Arthur, der das Ökonomieprogramm am *Santa Fe Institute* ins Leben gerufen und ein Büro bei PARC hatte. Er sprach über die sich wandelnden ökonomischen Grundlagen der heutigen Geschäftswelt. »Wisst Ihr«, sagte er, »die eigentliche Kraft kommt aus dem Erkennen von Mustern, die sich bilden und sich in diese Grundlagen einfügen.«

Dann sprach er von zwei verschiedenen Ebenen des Erkennens. »Meistens kommt man in seinem Denken mit der üblichen Art des Erkennens weiter. Aber es gibt noch eine tiefere Ebene. Ich nenne diese tiefere Ebene ein inneres oder intuitives Wissen. Angenommen, ich springe mit einem Fallschirm über Silicon Valley ab. Plötzlich bin ich mit einer komplizierten dynamischen Situation konfrontiert, und meine Aufgabe ist, sie zu verstehen. Was würde ich tun? Ich würde beobachten und beobachten und wieder beobachten, dann würde ich mich zurückziehen. Mit etwas Glück könnte ich dann einen inneren Ort in mir finden, an dem ich verstehe, was als Nächstes zu tun ist.«

Brian Arthur fuhr fort: »Du wartest und wartest und lässt deine Erfahrung sich mit der Situation verbinden. In gewisser Weise gibt es kein Entscheiden. Das, was zu tun ist, wird offensichtlich. Du kannst es nicht beschleunigen. Viel hängt davon ab, woher du innerlich kommst und wer du bist, als Mensch. Hieraus ergeben sich viele Implikationen für das Management. Was ich meine, ist, dass das, was zählt, davon abhängt, was in dir selber lebt, woher du tief drinnen in dir selbst kommst.«

Was er sagte, war zutiefst in Einklang mit dem, was Bill O'Brien und viele andere Erneuerer uns früher schon gesagt hatten. Führungskräfte müssen sich mit ihrem blinden Fleck auseinandersetzen und ihre Aufmerksamkeit auf den inneren Ort lenken, von dem aus sie handeln. Dieses Gespräch mit Brian Arthur hatte uns zwei wesentliche Erkenntnisse geliefert. Die erste ist, dass es unterschiedliche Formen von Erkenntnis gibt: eine normale Ebene (mentale Bezugssysteme herunterladen) und eine tiefere Ebene des Wissens.

Zweitens muss man, um diese tiefere Ebene des Wissens aktivieren zu können, einen dreistufigen Prozess durchlaufen, ähnlich dem von Brian Arthur genannten Fallschirmbeispiel:

- Beobachte, beobachte, beobachte: Verbinde dich mit den Orten relevanter Potenzialentwicklung.
- Suche einen Ort der Stille auf: Lasse das innere Wissen entstehen.
- Erkunde die Zukunft im Tun [prototyping]: Handle aus dem heraus, was im Hier und Jetzt entsteht.

Auf dem Rückflug mit Joseph Jaworski malte ich eine U-Figur auf ein Stück Papier, um die drei Bewegungen zu visualisieren, von denen Brian Arthur gesprochen hatte (s. Abb. 4).

Abb. 4: Der U-Prozess – Drei Bewegungen

Das tiefere Gelände kartieren

Ein paar Monate später, im Januar 2000, hatte ich die Gelegenheit, mit Francisco Varela (1946–2001), dem bedeutenden Vertreter der Kognitionswissenschaft, zusammenzutreffen. Varela sprach über den blinden Fleck in der Kognitionswissenschaft und Hirnforschung. »Das Problem ist nicht, dass wir zu wenig über das Gehirn oder die Biologie wissen«, sagte er. »Das Problem liegt darin, dass wir nicht genug über Erfahrung wissen [...] Wir haben im Westen einen blinden Fleck für diese Art des methodischen Ansatzes. **Alle meinen, dass wir über die Erfahrung genau Bescheid wissen. Ich behaupte, dass dies überhaupt nicht der Fall ist.«**

Francisco Varela fragte: »Kann dieser Kernprozess der Bewusstwerdung als Fähigkeit kultiviert werden?« Dieser Kernprozess setzt sich laut Varela zusammen aus »drei Gesten der Bewusstwerdung: *Innehalten [suspension], Umlenken [redirection] und Loslassen/Kommenlassen [letting-go/letting-come]*«.

Gemeinsam bewegten wir uns durch die drei Gesten. Varela erklärte: »Mit *Innehalten* meine ich das Beenden von Gewohnheitsmustern. In der buddhistischen Meditation platzierst du deinen Hintern auf ein Kissen und bleibst auf einer Ebene oberhalb deiner gewöhnlichen Beschäftigung. Du schaust aus einer eher überblickenden Perspektive.« Wir diskutierten weiter und überlegten, wie viele Menschen, die meditieren, behaupten, dass nichts passiere. Warum? »Sinn und Zweck der ganzen Sache ist natürlich, dass du es erträgst, nach der Suspensionsphase, dass nichts passiert«, sagte er. »Innehalten ist eine eigenartige Sache. Dabeibleiben, dranbleiben ist wirklich der entscheidende Punkt, um den es geht.«

Dann erläuterte er die zweite und dritte Geste. Beim Umlenken geht es darum, die Aufmerksamkeit von einem »Äußeren« zu einem »Inneren« umzulenken, sodass die Aufmerksamkeit hin zum Ursprungsort der inneren Prozesse geleitet wird und nicht zum Objekt hin. Das *Loslassen* sollte mit Feingefühl passieren, betonte Varela.

Als ich Francisco Varela zuhörte, wusste ich, dass ich diese drei Gesten früher schon erlebt hatte. Wie wahrscheinlich viele von uns hatte ich sie oft in Teamprozessen mit Gruppen beobachtet. Als ich Varelas Büro verließ, sah ich unmittelbar vor meinen Augen, wie sich diese Gesten auf dem U abbilden lassen. In Abbildung 5 sind sie auf der linken Seite des U als Tore zu den tieferen Schichten des Bewusstseins dargestellt; auf der rechten Seite des U sind sie als Pendants auf dem Weg nach oben gespiegelt.

Das U vereint zwei unterschiedliche Zeitsichten in sich: Das iterative Zusammenspiel der linken und rechten Seite des U ist eine Verbeugung zur östlichen zyklischen Sicht auf Entwicklung; der Pfeil ist eine Integration der westlichen linearen Sicht von Zeit, die, wie die irreversiblen Risiken der ökologischen Krise zeigen, gleichermaßen relevant ist. Abbildung 5 verbindet diese Sichtweisen miteinander und zeigt **den Kernprozess von** *Theorie U* sowie die sieben Arten des Achtsamwerdens und In-die Welt-Bringens. Wer diesen Prozess durchläuft, erlebt die folgenden feinen Umwendungen des kognitiven sozialen Feldes:

- **Herunterladen**: Am Anfang gibt es einen Funken des Bewusstwerdens, der uns über das Herunterladen – über die Muster der Vergangenheit – hinaushebt. Solange wir auf Basis des Abspulens handeln, ist die Welt aufgrund unserer alten Denkgewohnheiten und früheren Erfahrungen eingefroren; nichts Neues dringt in unser Denken ein. Immer wieder die alte Leier.
- **Sehen**: Sobald wir unser gewohnheitsmäßiges Urteil *zurückhalten,* erwacht unser Sehen mit neuen Augen. Wir bemerken das Neue und sehen die Welt als eine Konstellation von Dingen, die uns, den beobachtenden Personen, äußerlich sind.
- **Erspüren:** Sobald wir unsere Aufmerksamkeit von Gegenständen auf deren Quellprozess *umwenden,* erweitert und vertieft sich unsere Wahrnehmung. Diese Umwendung beugt den Beobachtungsstrahl zurück auf den Beobachtenden. Die Grenze zwischen Beobachter und Beobachtetem beginnt sich zu öffnen.
- **Presencing (durch Gegenwärtigung erspüren)**: Wenn wir in einen Raum der inneren und äußeren Stille eintreten, *lassen* wir das Alte *los* und verbinden uns mit der Sphäre des zukünftigen Potenzials. Die Grenze zwischen Beobachter und Beobachtetem löst sich vollständig auf und eröffnet einen Raum, in dem die Zukunft ankünftig werden kann.
- **Verdichten**: Wenn wir die Vision und Intention zu einem bildhaften imaginativen Schauen verdichten und *kommen lassen,* beginnt sich das Verhältnis zwischen Beobachter und Beobachtetem umzukehren. Die Gegenwärtigung tritt aus dem Feld des Werdenden (und nicht aus der beobachtenden Person) hervor.
- **Prototypen erstellen**: Wenn wir Prototypen *inszenieren,* erkunden wir die Zukunft im Tun. Das Verhältnis zwischen Beob-

achter und Beobachtetem stülpt sich weiter um. Eine gelungene Inszenierung nimmt durch einen fortwährenden »Dialog mit dem Universum« Gestalt an (und ist von daher nicht das Ergebnis eines einsamen Genius).

- **Verwirklichen**: Wenn wir das Neue *verkörpern,* ihm eine neue Form geben, indem wir entsprechende Praktiken und Infrastrukturen entwickeln, ist die Umstülpung des Verhältnisses zwischen Beobachter und Beobachtetem komplettiert. Die institutionelle Verkörperung gestaltet sich von den Gegebenheiten und funktionalen Erfordernissen des größeren Ökosystems (und nicht mehr von den partikularen Erfordernissen einzelner institutioneller Egos) aus.

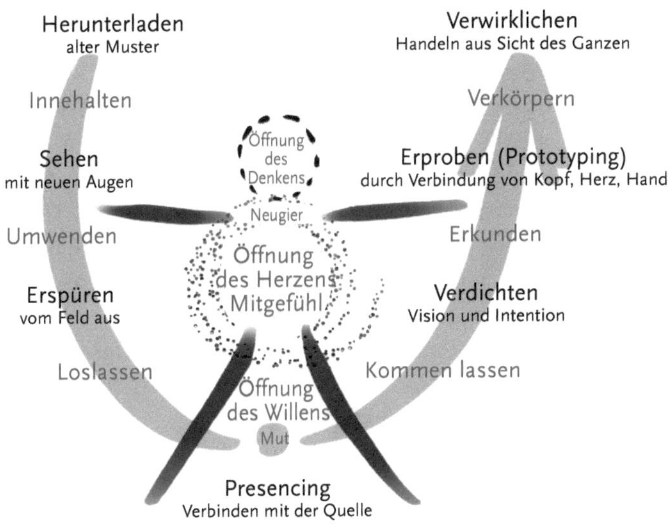

Abb. 5: Theorie U: Sieben Arten des Aufmerksamseins und In-die Welt-Bringens

Kurz gesagt: Zu den ersten Schlüsselideen von *Theorie U* gehören die *drei Bewegungen* – beobachten, sich zu den Quellen begeben, das Neue in die Welt bringen –, wie sie nach unserem Gespräch mit Brian Arthur entwickelt wurden, und das feingliedrigere *U mit den sieben Punkten,* das aus meinem Gespräch mit Francisco Varela hervorging. Bei der dritten Erkenntnis und Schlüsselidee geht es um die Instrumente des inneren Wissens.

Drei Instrumente des inneren Wissens

Im Kern dreht sich *Theorie U* um die innere Dimension des Intervenierenden, von dem Bill O'Brien gesprochen hatte. Heute würde ich dieses innere Territorium in der Form von drei Instrumenten beschreiben: Öffnung des Denkens, Öffnung des Herzens und Öffnung des Willens (s. Abb. 5).

Ein *offenes Denken* zu haben ist die Fähigkeit, alte Gewohnheiten des Urteilens aufzuheben – um mit neuen Augen sehen zu können. Ein *offenes Herz* zu haben ist die Fähigkeit, eine Situation mit den Augen anderer Menschen nachzuempfinden und zu betrachten. Einen *offenen (»sanften«) Willen* zu haben ist die Fähigkeit, das Alte »loszulassen« und das Neue »kommen zu lassen«.

Das Beispiel des Zuhörens

Zuhören ist wahrscheinlich die am meisten unterschätzte Grundfähigkeit. Die meisten Fälle von gravierendem Führungsversagen – für das es vielfältige Beispiele gibt – gehen auf Führungskräfte zurück, die oft nicht in der Lage sind, sich mit der sie umgebenden »VUCA-Welt« (volatility, uncertainty, complexity, ambiguity) zu verbinden; das heißt mit einer Welt, die geprägt ist von Unbeständigkeit, Unsicherheit, Komplexität und Mehrdeutigkeit.

Doch Zuhörenkönnen ist nicht nur in der Führungsarbeit wichtig. Wenn man kein guter Zuhörer ist, kann man nirgendwo in einer Disziplin zu wahrer Meisterschaft gelangen.

Die Rückmeldung, die wir aus Hunderten von Entwicklungs- und Innovationsprozessen immer wieder erhalten, lautet: Wenn du die Qualität deines Zuhörens veränderst, veränderst du dein Leben. Die Art des Zuhörens, die Art des Aufmerksamseins verändern, das klingt nach einer kleineren Sache. Der Punkt ist aber der: Wenn du die Art des Zuhörens veränderst, bedeutet das, dass du die Beziehung zu deiner Erfahrung veränderst. Und wenn du das veränderst, dann verändert sich … ALLES.

Und es ist für mich immer wieder erstaunlich zu sehen, wie schnell Menschen ihre Qualität des Zuhörens und Aufmerksamseins verändern und vertiefen können. Aber das ist mit Arbeit verbunden: praktisches Üben, überprüfen, Feedback und weiteres Üben. Um ein besserer Zuhörer zu werden, musst du zunächst die vier Archetypen des Zuhörens unterscheiden lernen (s. Abb. 6).

In den vier Arten des Zuhörens spiegeln sich die Grundprinzipien von der Öffnung des Denkens, des Herzens und des Willens:

- **Herunterladen**: Das Zuhören ist darauf beschränkt, noch einmal das zu bestätigen, was wir schon wissen. Wir leben in einer Blase, und nichts Neues vermag durch die Grenzen dieser Blase hindurchzudringen.
- **Faktisches Zuhören**: Wir lassen die Daten zu uns sprechen und achten auf widerlegende Informationen. Dies erfordert, dass das Denken sich öffnet – das heißt die Fähigkeit, unsere Gewohnheiten des Urteilens zu unterbrechen und zurückzuhalten.
- **Empathisches Zuhören**: Wir sehen die Situation mit den Augen eines anderen Menschen. Dafür muss das Herz sich öffnen; das heißt, unsere Gefühle werden als Wahrnehmungsorgan benutzt, mit dem wir uns in die Sichtweise eines anderen Menschen einspüren.
- **Schöpferisches Zuhören**: Wir hören zu, damit die höchste Zukunftsmöglichkeit gegenwärtig werden kann, unser Zuhören bildet einen schützenden Raum, in dem etwas Neues ankünftig werden kann.

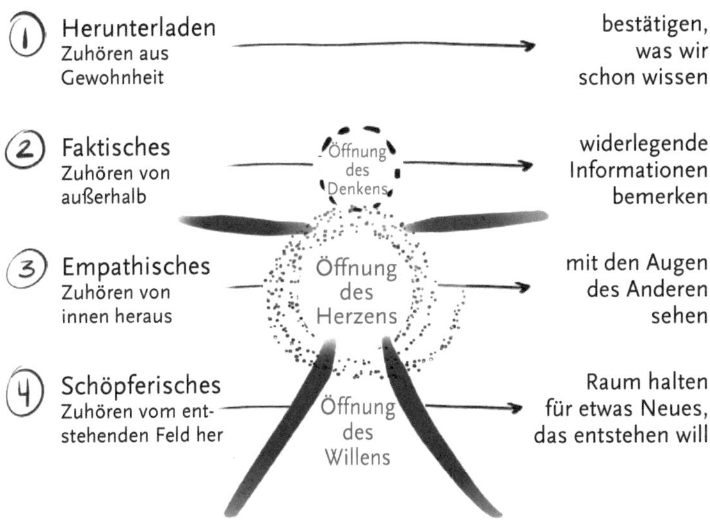

Abb. 6: Vier Felder des Zuhörens

Wenn du auf Ebene 1 (»Herunterladen«) zuhörst, ist deine Aufmerksamkeit nicht darauf konzentriert, was die andere Person sagt, sondern auf den eigenen inneren Kommentar. Ein Beispiel: Du überlegst vielleicht gerade, was du als Nächstes sagst. Sobald du die Schwelle vom »Herunterladen« zum »faktischen Zuhören« (von Ebene 1 zu Ebene 2) überschreitest, bewegt sich deine Aufmerksamkeit vom Hören auf deine innere Stimme zum eigentlichen Zuhören dessen, was die Person vor dir sagt. Du öffnest dich dafür, was gerade gesagt wird.

Sobald du die Schwelle vom »faktischen Zuhören« zum »empathischen Zuhören« (von Ebene 2 zu Ebene 3) überschreitest, verschiebt sich dein Ort des Zuhörens von dir her auf die andere Person – das heißt von deinem kleinen Instrument (der Intelligenz des Kopfdenkens) auf dein größeres Instrument (die Intelligenz des Herzdenkens). Du tauchst in die Sichtweise der anderen Person ein und könntest beispielsweise denken: »Oha, damit bin ich nicht einverstanden, aber ich kann nachvollziehen, wie du die Situation wahrnimmst.«

Wenn du schließlich die Schwelle vom »empathischen Zuhören« zum »schöpferischen Zuhören« (von Ebene 3 zu Ebene 4) überschreitest, wird dein Zuhören zu einem schützenden Raum, in dem etwas Neues, das geboren werden möchte, ankünftig werden kann. Du hörst mit Offenheit darauf, was noch unbekannt und im Entstehen begriffen ist.

In meiner Arbeit habe ich gelernt, dass der Erfolg von Führungs- und Veränderungsarbeit von der Fähigkeit der Führungskraft abhängt, auf ihre Qualität des Zuhörens zu achten und die Qualität des Zuhörens darauf auszurichten, was in einer bestimmten Situation erforderlich ist.

Drei Feinde auf dem Weg entlang der linken Seite des U

Warum wird der Weg zu dem tieferen Gelände des Zuhörens seltener beschritten? Weil er intentionale innere Arbeit erfordert, um den blinden Fleck, d. h., den inneren Ort, von dem her wir handeln, zu beleuchten. Wenn wir uns mit unserer tieferen Quelle der Kreativität auf dem Grund des U verbinden wollen, müssen wir, wie gesagt, drei Tore oder Schwellen überwinden. **Dieser Weg ist deshalb so schwie-**

rig, weil diese Schwellen tendenziell von drei »Feinden« (wie ich als Amerikaner sagen würde) bzw. **von drei »inneren Stimmen des Widerstands«** (wie ich als Europäer sagen würde) **bewacht werden**, die den Eingang zu den tieferen Bereichen versperren.

Der erste Feind versperrt den Zugang zum offenen Denken. Michael Ray von der Stanford University nennt ihn die *Stimme des Urteilens* (Voice of Judgement, VoJ). Jede Kreativitätstechnik beginnt in etwa mit folgender Anweisung: Halte deine Stimme des Urteilens zurück. Das ist der entscheidende Ausgangspunkt; wenn wir dies nämlich nicht berücksichtigen, legen wir die kreative Kraft des aufgeschlossenen Geistes still.

Der zweite Feind versperrt den Zugang zum offenen Herzen. Nennen wir ihn die *Stimme des Zynismus* (Voice of Cyniscm, VoC) – damit sind alle emotionalen Handlungen der Distanzierung gemeint. Was steht auf dem Spiel, wenn wir den Weg zur Öffnung des Herzens beschreiten? Wir müssen bereit sein, uns in eine Position ehrlicher Offenheit und Verletzbarkeit in Bezug auf den anderen Menschen zu begeben, und das ist das genaue Gegenteil von Distanzierung.

Der dritte Feind versperrt den Zugang zum offenen Willen. Dieser Feind ist die *Stimme der Angst* (Voice of Fear, VoF). Sie will uns davon abhalten, das loszulassen, was wir haben und was wir sind. Sie kann sich als Angst davor zeigen, etwas zu verlieren. Oder als Angst davor, geächtet zu werden. Oder als Angst vor dem Tod. Und doch steht die Beschäftigung mit dieser Stimme der Angst heute im Zentrum der Führungsarbeit: einen schützenden Raum zu schaffen, um das Alte loszulassen und das Neue kommen zu lassen oder willkommen zu heißen.

Das Wort »Leitung« (im Sinne von »Führung«, »leadership«) geht in seiner Wurzel auf den indogermanischen Begriff »*leith*« zurück und bedeutet so viel wie »nach vorne gehen«, »die Schwelle überschreiten« oder »sterben«. Denke einmal darüber nach: **Die Wurzel des Wortes Leitung im Sinne von Führung bedeutet »sterben«.** Manchmal, wenn man etwas loslassen muss, fühlt es sich genauso an wie: sterben. In den letzten 20 Jahren haben wir jedoch gelernt: Eine subtile innere Schwelle muss überschritten werden, bevor etwas Neues in Erscheinung treten kann, bevor sich das »Feld der Zukunft« entfalten kann.

Zwei Hindernisse auf dem Weg entlang der rechten Seite des U

Hast du einmal die Schwelle auf dem Grund des U überschritten, erwachsen zwei Haupthindernisse auf dem Weg entlang der rechten Seite des U.

Beim ersten Hindernis ist **gedankenloses Handeln**, d. h. handeln, ohne zu denken, **zu vermeiden**. Gedankenloses Handeln liegt dann vor, wenn wir abstrakte Ideen blind in die Tat umsetzen, ohne etwas dabei zu lernen. Beim zweiten Hindernis – dem Gegenteil des ersten – ist **handlungsloses Denken**, d. h. denken, ohne zu handeln, oder »Paralyse durch Analyse« **zu vermeiden**. Paralyse durch Analyse ist vielleicht der größte Feind beim Entwickeln von Prototypen. Wir diskutieren Dinge zu Tode, statt dass wir die Zukunft durch konkretes Handeln erkunden. Die zwei größten Hemmnisse sind also: gedankenloses Handeln und handlungsloses Denken.

Die wichtigste Fähigkeit auf dem Weg entlang der beiden Seiten des U ist die Fähigkeit »dranzubleiben«. Wichtig ist, weder allzu oft durch Eingreifen zu intervenieren noch sich auszuklinken, indem man einen anderen Weg einschlägt. »Dranbleiben« heißt, den Raum schützen, damit etwas geboren werden kann, was noch nicht ganz in der Welt ist – den schützenden Raum schaffen und gestalten, damit sich etwas Neues entfalten kann und geboren wird.

Presencing (Anwesendwerden) und Absencing (Abwesendwerden)

Die siebte Idee von *Theorie U* schließlich betrifft das Wechselspiel zwischen Presencing und Absencing. Wir wissen, dass *Presencing* in der Welt ziemlich verbreitet ist: das Erspüren und Verwirklichen unseres höchsten Zukunftspotenzials. Die meisten Menschen haben es in besonderen Augenblicken erlebt. Viele von uns kennen Netzwerke, Gemeinschaften und Orte, an denen man diese Art des Handelns ziemlich oft vorfindet. Doch die meisten Menschen würden rasch einräumen, dass sich unsere jetzige Zeit auch auszeichnet durch eine enorme Verschärfung des *Absencing*, d. h. durch das Gegenteil des Presencing. In Abbildung 7 sind die drei oben erwähnten »Feinde« dargestellt, allerdings in leicht abgewandelter Form, nämlich als:

- Ignoranz: sich dem Nachdenken verschließen (verhaftet sein in den Grenzen einer vermeintlich einzigen Wahrheit);
- Hass: sein Herz und Fühlen verschließen (verhaftet sein in den Grenzen eines vermeintlich einzigen kollektiven Wir);
- Angst: seinen Willen verschließen (verhaftet sein in den Grenzen eines vermeintlich einzigen Willens).

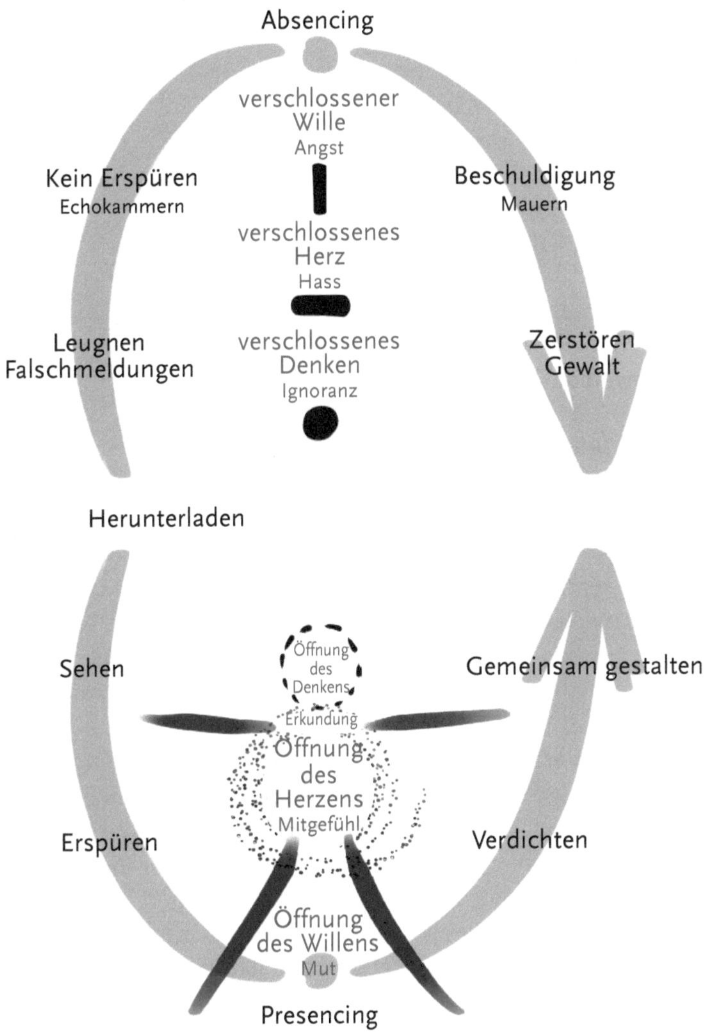

Abb. 7: Zwei soziale Felder, zwei Zyklen: Absencing und Presencing

Was passiert mit einem sozialen System, das nach den Prinzipien des Absencing handelt? Es schafft eine *Architektur der Trennung*, indem es Mauern baut. Es befördert eine Entkoppelung (Leugnen, kein Erspüren) von unserer Umwelt, von der Welt, die im Entstehen begriffen ist (Absencing), was letztlich zur Beschuldigung anderer (Unfähigkeit, über sich nachzudenken) und zur Zerstörung (von Vertrauen, Beziehungen, Natur und des eigenen Selbst) führt. Dieser **Zyklus des Absencing** wird in der oberen Hälfte von Abbildung 7 beschrieben.

Der **Zyklus des Presencing** wird in der unteren Hälfte von Abbildung 7 beschrieben und beruht auf:

- Erkundung: die Öffnung des Denkens
- Mitgefühl: die Öffnung des Herzens
- Mut: die Öffnung des Willens

Soziale Systeme, die nach diesen Prinzipien handeln, bauen *Architekturen der Verbundenheit* auf, mit der die trennenden Mauern niedergerissen werden.

Soziale Felder

Mit dem Zyklus des Absencing und dem Zyklus des Presencing werden verschiedene soziale Felder markiert. Der Zyklus des Absencing beschreibt ein Feld der Zerstörung und der sozialen Kälte. Der Zyklus des Presencing beschreibt ein Feld der Co-Kreation und der sozialen Wärme. Jedes Feld verstärkt sich tendenziell selbst. Wenn man sich beispielsweise in einem Zyklus des Absencing, in einer sozialen Dynamik der Zerstörung befindet, ist es sehr schwer, diesem Zyklus zu entkommen.

Doch in diesem Jahrhundert werden Menschen, Organisationen und größere Systeme meistens zwischen diesen beiden Feldern hin- und hergerissen. Das Feld des Presencing wird zwar von vielen Teams, Gemeinschaften und sozial-ökologischenen Bewegungen, die alle Bahnbrechendes geleistet haben, verkörpert und aktiviert. Aber das Feld des Absencing ist ebenfalls ein zentrales Merkmal unserer Zeit. De facto arbeitet der gesamte Raum der Medien und der sozialen Medien wie ein gigantischer Multiplikator des Absencing, nicht aber des Presencing. Die Nutzung von Facebook für Falschmeldungen und Dark Posts, mit deren Hilfe Donald Trump in den

Präsidentschaftswahlen 2016 Wut, Angst, Hass und Rassismus schüren konnte – dabei gesponsort von der russischen Regierung und US-amerikanischen Milliardären –, ist ein gutes Beispiel für den toxischen Einfluss sozialer Medien, wenn Technologie nicht in ethischer und helfender Intention designed und benutzt wird (eine Falschmeldung auf Twitter wird 70 % wahrscheinlicher geteilt als eine basierende Meldung auf realer Information).

Die Frage ist: Wie können wir einen Mechanismus erzeugen, der den Zyklus des Presencing und das soziale Feld der Erkundung, des Mitgefühls und des Mutes erweitert? Wie können wir Technologie und soziale Medien so gestalten und entwickeln, dass sie für eine Verbesserung der Verhältnisse genutzt werden? In den letzten beiden Kapiteln dieses Buches werden wir auf diese Fragen zurückkommen. Dort stelle ich eine diesbezügliche Initiative mit HuffPost und dem Presencing Institute vor, die wir 2018 an den Start gebracht haben.

3 Die Matrix der sozialen Evolution

Eine meiner wichtigsten Erkenntnisse ist die, dass es beim Lernen und Führen einen blinden Fleck gibt. Dieser blinde Fleck hat mit den Quellen zu tun, aus denen sich unser Handeln und unsere Wahrnehmung speisen. **Die Methode von *Theorie U* zielt darauf ab, unsere Aufmerksamkeit umzuwenden und auf diese Quellen des Handelns und des Denkens zurückzulenken.** Unsere Denk-, Gesprächs- und Organisationsmuster erzeugen eine globale Welt sozialer Komplexität, die wir in jedem einzelnen Augenblick aktualisieren. Wie können wir den Prozess untersuchen, in dem soziale Wirklichkeit in die Welt kommt? Wie können wir den flüchtigen Prozess der sozialen Wirklichkeits-Entstehung wissenschaftlich und alltagspraktisch erfassen?

Die Grammatik sozialer Felder

Im Physikunterricht lernen wir, dass eine Materie sein Verhalten ändert, wenn es von einem Zustand in einen anderen übergeht. Wasser beispielsweise wird bei einer Temperatur unter dem Gefrierpunkt (0° C) zu Eis. Wenn es erhitzt wird und die Temperatur über 0° C steigt, schmilzt Eis und wird flüssig. Wenn Wasser erhitzt wird und die Temperatur über 100° C steigt, wird es zu Dampf. In allen drei Zuständen sind die Wassermoleküle (H_2O) dieselben, doch die Materie verhält sich sehr unterschiedlich. Das gilt auch für andere Stoffe: Die Moleküle bleiben dieselben, aber das Verhalten kann sich ändern.

In sozialen Feldern sehen wir etwas Ähnliches. Wenn das Muster des kollektiven Verhaltens (z. B. Absencing) einer Gruppe oder eines Systems in ein anderes (z. B. Presencing) übergeht, bleiben die Individuen in der Gruppe bzw. dem System zwar dieselben, aber die Verbindungen zwischen ihnen haben sich grundlegend verändert, und das bedeutet, dass sowohl die Gruppe als auch ihre Mitglieder nicht mehr dieselben sind.

Wie können solche Interaktionsmuster von einem Zustand in den anderen übergehen? Wenn Bill O'Brien damit recht hat, dass der Erfolg einer Intervention vom inneren Zustand des Intervenierenden abhängt, dann **ist Führungs- und Selbstführungskraft die Fähigkeit,**

den inneren Ort zu verändern, von dem aus wir handeln. Damit verändern wir den Zustand des sozialen Feldes. Wie genau geschieht das?

Die Matrix der sozialen Evolution

Die Antwort auf die erste Frage ist, dass wir lernen, die Muster der Entstehung sozialer Wirklichkeit, die wir kollektiv in die Welt bringen, zu *sehen*. Dieser Gedanke steht im Zentrum dieses Kapitels. Das U ist mehr als nur ein Prozess. Es ist eine nichtlineare Feldtheorie, die wie eine Matrix funktioniert.

Soziale Felder beschreiben soziale Systeme *aus der Sicht der Quellen*, d. h. aus der Sicht des In-die-Welt-Kommens als soziale Struktur (Team, Gruppe, Organisationen etc.). Mit dem Begriff »soziales Feld« wird der Außensicht, die der klassischen Systemtheorie innewohnt, eine Innensicht hinzugefügt. Soziale Felder beschreiben diese Systeme sowohl von außen (Dritte-Person-Perspektive) als auch von innen (Erste-Person- und Zweite-Person-Perspektive). Untersucht werden damit die *inneren und äußeren Bedingungen*, unter denen soziale Systeme ihre Interaktions- und Beziehungsqualität von einem Modus in einen anderen übergehen lassen.

In meiner langjährigen Arbeit mit Gruppen und Organisationen habe ich **vier Archetypen oder Qualitäten sozialer Felder** identifiziert, die auf allen Systemebenen zu finden sind: von der Mikro- bis zur Mundoebene. Sie sind in der Matrix der sozialen Evolution (Abb. 8) zusammengefasst.

Nimm dir einen Moment Zeit, Abbildung 8 durchzulesen, da in dieser Abbildung die Essenz dieses Kapitels kurz und knapp beschrieben ist. Diese Darstellung gibt uns eine Landkarten-Übersicht von Formen und Qualitäten sozialer Systeme und hilft uns bei der Orientierung.

Die horizontale Achse: Systemebenen

Die vier Spalten der Matrix bilden die Handlungen von Individuen, Gruppen, Organisationen und Systemen ab. Soziale Felder, d. h. die Gesamtheit unserer Beziehungen, werden durch vier korrespondierende Handlungsarten in die Welt gebracht: zuhören (Mikroebene), kommunizieren (Mesoebene), organisieren (Makroebene) und koordinieren (Mundoebene). Durch diese Matrix sozialen Handelns und sozialer Evolution bringen wir als Menschen die soziale Realität in die Welt, in jedem Augenblick immer wieder neu. Um es mit den Worten des Avantgarde-Künstlers des ausgehenden 20. Jahrhunderts, Joseph Beuys, zu sagen: Mit dieser Matrix sozialer Evolution schaffen und gestalten wir die globale **»soziale Plastik« oder »soziale Skulptur«**.

Aufmerksamkeit/ Feld	Mikro: Zuhören	Meso: Gespräche führen	Makro: Organisieren	Mundo: Koordinieren
Feld 1: gewohnheitsmäßig	Herunterladen alter Muster	Herunterladen freundlicher Phrasen	zentralisiert von oben nach unten	1.0 Hierarchie
Feld 2: egosystemisch	faktisch offenes Denken	Debatte differenzierte Standpunkte beziehen	dezentralisiert Divisionen	2.0 Wettbewerb
Feld 3: empathisch-beziehungsbezogen	empathisch offenes Fühlen	reflektierter Dialog andere Sichtweiden erkunden	vernetzt Stakeholder	3.0 Stakeholder Dialoge
Feld 4: schöpferisches Ökosystem	schöpferisch offene Gegenwärtigkeit	schöpferischer Dialog	Ökosystem Co-Kreation	4.0 aus gemeinsamer Wahrnehmung und Willensbildung handeln

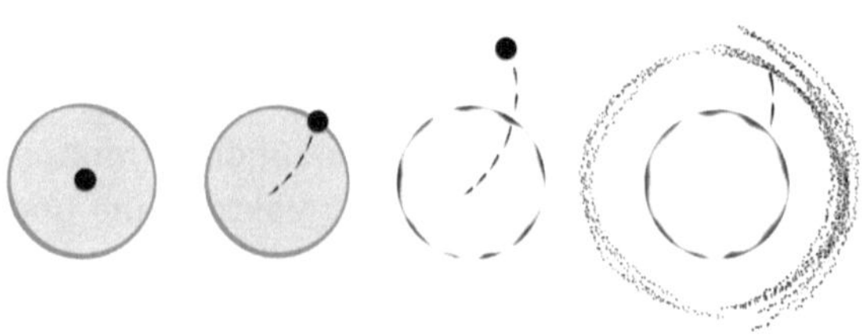

Abb. 8: Matrix der sozialen Evolution

Die vertikale Achse: Bewusstseinsebenen

Die vertikale Achse beschreibt verschiedene Zustände oder Qualitäten unserer sozialen Wirklichkeit. Erinnerst du dich an die vier Arten des Zuhörens? Ich kann alte Gewohnheiten herunterladen; ich kann mich öffnen und auf Fakten hören; und so weiter. Die vertikale Achse fasst diese Qualitäten des Zuhörens zusammen und unterscheidet dabei vier feldbezogene Beziehungs- und Bewusstseinsqualitäten: gewohnheitsmäßig, egosystemisch, empathisch und schöpferisch-ökosystemisch. Jeder dieser Beziehungsqualitäten geht mit bestimmten Mustern einher. Diese sind:

- **Feld 1: gewohnheitsmäßig**. Wenn Individuen, Gruppen oder Organisationen im Bewusstsein des gewohnheitsmäßigen Feldes handeln, deuten sie momentane Situationen auf der Basis ihrer früheren Erlebnisse und ihrer Gewohnheiten.
- **Feld 2: egosystemisch**. Wenn Individuen oder Gruppen innehalten und die Dinge so zu sehen versuchen, »wie sie sind«, begeben sie sich in ein Subjekt-Objekt-Bewusstsein, in dem sie deutlich zwischen Beobachter und Beobachtetem unterscheiden. Sie bemerken allmählich etwas Neues.
- **Feld 3: empathisch**. Wenn Akteure in einem System ihre Aufmerksamkeit von dem gegenständlichen Objekt auf die tieferen Quellen des Entstehens umlenken, erspüren sie die Wirklichkeit vom Standpunkt der anderen Beteiligten aus. Sie sehen die Situation aus den Blickwinkeln pluraler Perspektiven.
- **Feld 4: schöpferisch-ökosystemisch**. Wenn Akteure alte Identitäten loslassen, öffnet sich ein neuer Raum des co-kreativen Werdens. Handlungen, die auf einem solchen Feld basieren, werden oft als *Flow* beschrieben. Sie erschaffen in gemeinsamer Kreativität ein Zukunftspotenzial, das gerade entstehen will.

Schauen wir uns nun die kleinen Zeichnungen in Abbildung 9 an, mit denen der *Ort* der Quelle als Punkt dargestellt ist, der sich von innen herausbewegt (im Verhältnis zu dem Kreis, der die Grenze des Systems abbildet). Diese Zeichnungen veranschaulichen die vier Strukturen des Bewusstseins, vier verschiedene Arten, durch die die prägenden Handlungs- und Aufmerksamkeitsstrukturen in die Welt kommen:

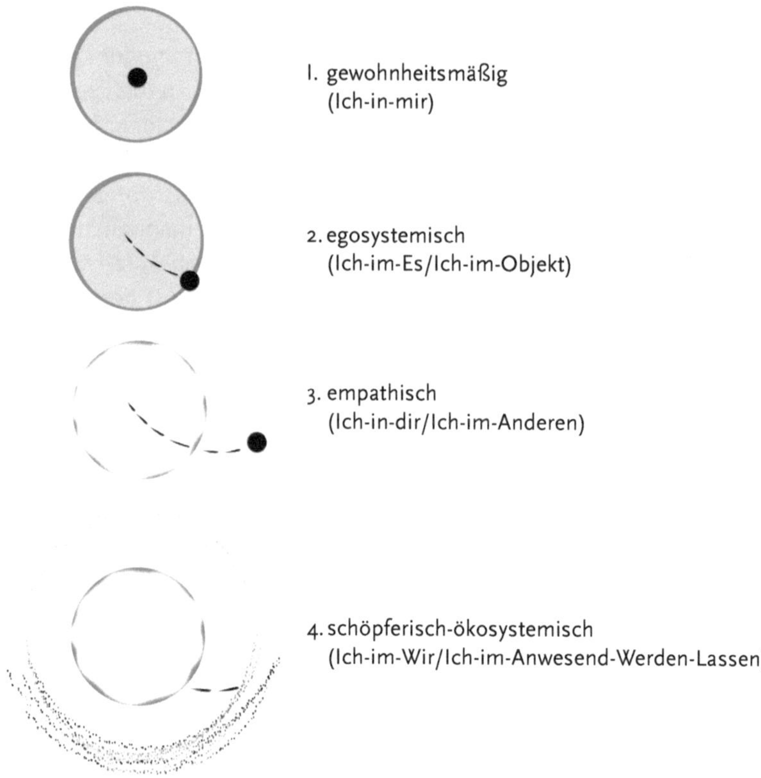

Abb. 9: Vier Strukturen der Aufmerksamkeit

- **Feld 1: gewohnheitsmäßig.** Mein Handeln kommt aus meinem umgrenzten Inneren (Ich-in-mir). Meine Reaktion wird durch äußere Ereignisse ausgelöst und ist von meinen reaktiven Gewohnheiten geprägt.
- **Feld 2: egosystemisch.** Mein Handeln hat seinen Ausgangspunkt in der Peripherie, d. h. an der Grenze meines Systems (Ich-im-Es/Ich-im-Objekt). Es entsteht aus einem Subjekt-Objekt-Bewusstsein, das externe Daten analysiert und darauf reagiert.
- **Feld 3: empathisch.** Mein Handeln hat seinen Ausgangspunkt jenseits meiner Grenzen (Ich-in-dir/Ich-im-Anderen). Es entsteht an dem Ort, von dem aus die andere Person, mit der ich kommuniziere, spricht und handelt.

- **Feld 4: schöpferisch-ökosystemisch.** Mein Handeln hat seinen Ausgangspunkt in der umhüllenden Sphäre, die meine offenen Grenzen umgibt und hält (Ich-im-Wir/Ich-im-Anwesend-Werden-Lassen). Es entsteht daraus, dass ein Zukunftspotenzial erspürt und gegenwärtig gemacht wird (Presencing).

Soziales Handeln geht aus einer dieser vier Quellen oder Strukturen des Bewusstseins hervor: aus der *Binnensicht*, von der *Grenze her*, von *außerhalb* der Grenze her oder von der *umhüllenden Sphäre* her. Wenn wir die uns umgebende soziale Wirklichkeit betrachten, stellen wir fest, dass Individuen, Gruppen und Organisationen meistens auf Basis der ersten beiden Aufmerksamkeitsstrukturen handeln. Gute Führungskräfte, inspirierende Darsteller, revolutionäre Erneuerer oder leistungsstarke Teams handeln tendenziell vom *gesamten Spektrum* sozialer Feldstrukturen aus und bewegen sich in allen vier Feldern so, wie es die aktuelle Situation gerade *erfordert.*

Genauso, wie wir das Bild eines Malers aus verschiedenen Perspektiven betrachten können, so können wir soziales Handeln von der Warte des vollendeten Bildes (Feldstrukturen 1 und 2), von der Warte des Prozesses (Feldstruktur 3) oder von der Warte der leeren Leinwand bzw. der Quelle (Feldstruktur 4) aus anschauen.

Auf der Suche nach der Quelle

Die folgende Geschichte veranschaulicht den vierten Aufmerksamkeitszustand: Ich-im-Anwesend-Werden. Vor Jahren war ich einmal in den Alpen wandern, in Val Fex, einem kleinen Tal nahe der Grenze zwischen der Schweiz und Italien, neben Sils Maria, wo sich der Philosoph Friedrich Nietzsche gern aufhielt und schrieb. Diese Gegend ist ein besonderer Ort in Europa, weil sie eine Wasserscheidelinie zwischen drei großen Flüssen ist: dem Rhein, der in die Nordsee fließt; dem Inn, der nach Nordosten fließt und in die Donau mündet; und dem Po, der zum östlichen Mittelmeer in die Adria fließt. Ich beschloss, dem Inn bis zur Quelle zu folgen. Als ich stromaufwärts wanderte, wurde mir klar, dass ich noch nie in meinem Leben einem Fluss bis zu seiner Quelle gefolgt war. Ich hatte tatsächlich noch nie gesehen, wie die Quelle eines großen Flusses aussieht.

Der Fluss wurde immer schmaler, bis er nur noch ein Rinnsal war. Schon bald stand ich an einem kleinen Teich in der breiten Talsohle, umgeben von gletscherbedeckten Berggipfeln. Ich stand da, lauschte und stellte überrascht fest, dass ich inmitten zahlloser Wasserfälle war, die von den Bergen um mich herum hinabstürzten. Sie erzeugten die schönste Klangsinfonie, die man sich vorstellen kann. Der Ursprung befand sich nicht an einem einzigen Punkt. Ich war von der Quelle umgeben, sie strömte aus dem Kreis von Berggipfeln herab und lief in einem aus kleinen Teichen bestehenden Ökosystem zusammen. War der Teich neben mir die Quelle? Oder war die sinfonische Sphäre der mich umgebenden Wasserfälle die Quelle? Genau diese Umweltsphäre ist in der vierten Bewusstseinsstruktur (Abb. 9) enthalten und dargestellt.

Aufmerksam sein

Die Art meines Achtsamwerdens prägt die Art, wie sich Wirklichkeit um mich herum entfaltet. **Ich bin achtsam (auf diese Weise), also entsteht Wirklichkeit (in jener Weise).** Warum? Weil **Energie Aufmerksamkeit folgt**. Worauf du deine Aufmerksamkeit als Führungskraft, Innovator, Veränderungsmacher oder als Elternteil auch legst: Es ist der Ort, an den die Energie des Systems hinfließt – deine eigene Energie eingeschlossen.

Wenn das Prinzip, dass *Energie Aufmerksamkeit folgt*, zutrifft, dann müssen wir unsere Aufmerksamkeit kultivieren und fokussieren. Wir alle leben in einer Kultur, in der Technologie und Multitasking unsere Fähigkeit, die Aufmerksamkeit fokussiert zu halten, hemmen. Den größten Feind unserer Fähigkeit zur Aufmerksamkeitsfokussierung haben wir natürlich selbst in der Hand – das Smartphone, das uns in einem Augenblick hilft und im nächsten ablenkt. Studien zeigen, dass ein Smartphone auf dem Schreibtisch die Denkleistung austrocknet, selbst wenn es mit der Vorderseite nach unten liegt und man es nicht einmal anschaut.

Energie folgt Aufmerksamkeit bedeutet, dass der Schlüssel zu starker Führung und bahnbrechender Innovation in unserer Fähigkeit liegt, die Aufmerksamkeit fokussiert zu halten. Aber das ist nicht alles. Aus Sicht von *Theorie U* konzentrieren wir uns nicht nur auf das *Was* – worauf wir unsere Aufmerksamkeit legen –, sondern stärker noch auf die *Quelle*: den Ort, von dem aus unsere Aufmerksamkeit *entspringt*.

Weiter vorne habe ich vier verschiedene Arten des Zuhörens, die sich alle aus einer anderen Quelle speisen, vorgestellt (s. Abb. 6):

- aus meinen früheren Erfahrungen: gewohnheitsmäßiges Zuhören;
- aus meinem offenen Denken: faktisches Zuhören;
- aus meinem offenen Fühlen: empathisches Zuhören;
- aus meinem offenen Willen: schöpferisches Zuhören.

Wenn Führung und Selbstführung im Wesentlichen in der Fähigkeit liegt, den inneren Ort, von dem aus wir handeln, zu verändern, dann bedeutet das, dass wir die kollektive Fähigkeit entwickeln müssen, auf der Basis aller vier Arten des Zuhörens zu handeln, wie es die Umstände gerade erfordern.

Wie können wir diese Fähigkeit entwickeln? Durch Üben. Durch tägliches Üben.

Herunterladen: Wenn du in einer Sitzung bist, in der alles, was geschieht, das bestätigt, was du erwartet hattest, dann handelt es sich um Herunterladen. Herunterladen ist weder etwas Schlechtes noch etwas Gutes. Es kann in einer Situation angemessen sein, in einer anderen nicht. Es ist einfach nur eine Art des Zuhörens. Wenn es aber die einzige Art des Zuhörens ist, die du kennst, und wenn du es zufällig mit bahnbrechenden Veränderungen zu tun hast, dann hast du wahrscheinlich bald ein Problem.

Faktisches Zuhören: Die Bewegung vom Herunterladen zum faktischen Zuhören ist durchaus machbar: Richte deine Aufmerksamkeit auf das, was besonders überraschend, alles andere als erwartbar oder aber höchst interessant ist. Aktiviere dein Staunen, und richte dein Erkunden auf das dir Unbekannte. Versuche, deine Beobachtungen festzuhalten, beispielsweise in einem Tagebuch.

Empathisches Zuhören: Die Bewegung vom faktischen Zuhören zum empathischen Zuhören verlangt, dass du die Perspektive einer anderen Person erspürst und ihr innewohnst. Um diesen Schritt zu vollziehen, gibt es nur einen Weg: die Intelligenz des Herzens und die eigenen Gefühle als Wahrnehmungssensorium zu aktivieren. Das ist manchmal nicht ganz leicht. In solchen Fällen hilft es, wenn du bei der anderen Person etwas findest, das dich aufrichtig interessiert und deine Wertschätzung weckt. Alles empathische Zuhören erfordert die Aktivierung des Herzens als Wahrnehmungsorgan.

Schöpferisches Zuhören: Die Bewegung vom empathischen zum schöpferischen Zuhören ist am anspruchsvollsten. Dieser Schritt lässt sich nicht erzwingen. Du kannst nur die Bedingungen für schöpferisches Zuhören schaffen. Die wichtigste Schwelle auf dem Weg zu dieser Ebene ist die Stille. Manchmal spontan. Manchmal intentional. In einem solchen Kontext ist die wichtigste Intervention: nichts zu tun. Interveniere nicht. Klinke dich aber gleichzeitig auch nicht aus. Bleibe einfach dran und halte einen schützenden Raum für das, was entstehen, was ankommen möchte.

Ich habe schon oft erlebt, dass das Zuhören in einem Gespräch ungefähr das ist, was die Schweißflamme für ein Stück Metall bedeutet. Was passiert, wenn man die Flamme nur kurz auf ein Stück Metall hält? Nichts. Wenn man aber die Flamme für längere Zeit auf das gleiche Stück Metall hält, dann verändert sich der Zustand des Metalls von fest zu flüssig; plötzlich kannst du das Metall in verschiedene Formen bringen. Dasselbe passiert in einem Gespräch: Wenn du beständig intensiv zuhörst, erreicht das Gespräch mit der Zeit eine tiefere Ebene und geht in einen anderen Aggregatzustand der Kommunikation über.

Kommunizieren

Zuhören steht beispielhaft dafür, in welcher Form Menschen ihrer sozialen Wirklichkeit gegenüber aufmerksam sind. Doch zurück zur Matrix der sozialen Evolution: Welche Handlung findet auf der nächsten Systemebene statt? Kommunikation. **Kommunikation erzeugt die Welt**, mit der wir uns in Gruppen, Organisationen und in der Gesellschaft befassen.

1) Kommunikation findet in **Feldern** statt – das heißt, Gespräche in Gruppen folgen tendenziell bestimmten Mustern, und solche Muster verändern sich selten.
2) Die Menge an Mustern von Kommunikationsfeldern ist begrenzt, und das bedeutet, dass die Menge an Grundqualitäten, die durch Gespräche in einem sozialen Setting zustande kommen, begrenzt ist. Die vier Kommunikationsqualitäten, die ich beobachtet habe, sind in Abbildung 10 dargestellt: **Herunterladen** (Feld 1), **Debatte** (Feld 2), reflektiver **Dialog** (Feld 3) und schöpferischer Dialog bzw. **Presencing** (Feld 4).

Die Kunst des Führens besteht darin, je nach Kontext und Situation Verschiebungen von einer Kommunikationsstufe zu einer anderen zu erleichtern.

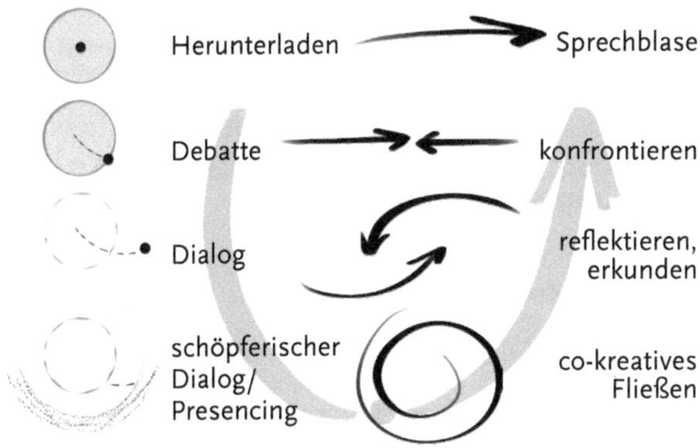

Abb. 10: Vier Kommunikationsfelder

Herunterladen: Feld-1-Kommunikation

»Wie geht es Ihnen?« – »Es geht mir gut.«

Viele Sitzungen in Organisationen werden in einer solchermaßen ritualisierten Sprache durchgeführt. Wollen Gesprächsteilnehmende unter solchen Kommunikationsbedingungen wirksam handeln, müssen sie dem vorherrschenden Muster des Austauschs höflicher Phrasen entsprechen und dürfen nicht sagen, was tatsächlich in ihrem Kopf vorgeht. In der Schule lernen wir, das zu sagen, was der Lehrer hören will. Später nutzen wir dann diese Fertigkeit, um mit Vorgesetzten umzugehen und in Organisationen Karriere zu machen. Wenn uns dies als Individuen dient, was ist dann das Problem daran?

Das Problem ist, dass diese Art von Kommunikation – vom Standpunkt des organisationalen Lernens aus betrachtet – in den meisten Situationen zu einem völlig dysfunktionalen Verhalten führt. Sie hält Teams davon ab, über das zu sprechen, was wirklich Sache ist. Über das eigentliche Thema wird dann irgendwo anders gesprochen – im Parkhaus, auf dem Heimweg. Aber am Arbeitsplatz und in Sitzungen wird die Zeit aller Beteiligten vergeudet, wenn sie lediglich höfliche phrasenhafte Konventionen austauschen.

In Gesprächen auf der Ebene des Herunterladens werden einfach nur existierende Phrasen reproduziert. Genauso wie beim Herunterladen auf individueller Ebene ist meine Wahrnehmung der Welt begrenzt auf meine vorhandenen Denkrahmen; beim kommunikationsbezogenen Herunterladen werden nur solche Aspekte der Wirklichkeit (wie die Beteiligten sie erleben) artikuliert, die in die dominanten Bezugssysteme und Gesprächsmuster der Gruppe passen. Je größer die Kluft zwischen dem Gesagten (»Es geht mir gut«) und der konkreten Situation (»Ich bin total am Ende«), desto höher ist die Wahrscheinlichkeit, dass am Ende des Weges eine Art Disruption oder Zusammenbruch eintritt.

Debatte: Feld-2-Kommunikation

»Wie geht es Ihnen?« – »Es geht mir miserabel.«

Das bestimmende Merkmal von Gesprächen aus Feld 2 ist, dass Beteiligte sich offen und ehrlich äußern. Beispielsweise sagte mir vor etwa 20 Jahren ein Zuhörer, dass er von meiner Präsentation kein einziges Wort verstanden habe. Ein anderes Beispiel: Ein Mitarbeiter sagt seinem Chef, dass einige seiner Geschäftspraktiken nachteilig und realitätsfern seien. Derlei Bemerkungen lösen Spannungen aus. Alle fühlen sich unbehaglich. Diese Art der Kommunikation in Feld 2 verlässt die Sprache, die nur phrasenhaft Konventionen reproduziert, damit Individuen in einen echten Meinungsaustausch eintreten und differenzierte Standpunkte argumentativ vorbringen können.

Die Eintrittskarte für die Feld-1-Kommunikation ist die (unausgesprochene) Forderung, sich *anzupassen*. Die Eintrittskarte für die Feld-2-Kommunikation ist die Voraussetzung, einen *abweichenden* Standpunkt in die Diskossion einzubringen. Damit man in der Feld-1-Kommunikation einen gewissen Gesprächsanteil erhält, muss man sich den Sichtweisen anderer (meistens denen der Vorgesetzten) anpassen. Um in das Kommunikationsfeld 2 einzutreten, musst du einen abweichenden Standpunkt in die Diskussion bringen. Genauso wie bei der individuellen Wahrnehmung bedeutet die Verschiebung vom Herunterladen zum Erkennen, dass man offen sein muss für neue oder widersprechende Daten. Feld-2-Gespräche bedeuten Offenheit gegenüber Sichtweisen, die die vorherrschenden Standpunkte infrage stellen.

Die aus dieser Art von Interaktion resultierende Struktur ist oftmals eine Debatte. Das Wort »Debatte« bedeutet wörtlich »kämpfen oder niederschlagen«. Man benutzt seine Argumente, um seinen

Gegner, der mit einer anderen Meinung identifiziert wird, zu schlagen oder zu übertreffen.

Debattieren und unterschiedliche Ansichten haben, das kann in Organisationen etwas sehr Hilfreiches sein, weil dadurch alle Meinungen auf den Tisch kommen. In vielen asiatischen Kulturen lassen sich Beteiligte am ehesten dadurch in das Kommunikationsfeld 2 bringen, indem in kleinen Gruppen gearbeitet wird und jeder den anderen seine Beobachtungen und Perspektiven auf ein Thema mitteilen darf. Dieser Prozess ähnelt eher einem Sammeln unterschiedlicher Sichtweisen als einer klassischen Debatte, weil in vielen Kulturen das Widersprechen gegenüber den Chefs aus Gründen der Gesichtswahrung vermieden wird. Doch hier gilt immer noch die gleiche Grundlinie wie in Feld 2: unterschiedliche Sichtweisen zum Ausdruck bringen.

Wenn ein Thema aber verlangt, dass Teammitglieder über ihre Denkgewohnheiten und Leitmotive nachdenken und diese sehen und verändern lernen, dann braucht es eine andere Art der Kommunikation als die Debatte – Gespräche, in denen die Beteiligten erkennen können, dass »ich nicht meine Sichtweise bin«, wie mein Kollege William Isaacs, der Autor von *Dialog als Kunst, gemeinsam zu denken: Die neue Kommunikationskultur für Organisationen*, zu sagen pflegt. Ich kann meine eigene Sichtweise zurückhalten und mir die Meinung einer anderen Person besehen. Dazu muss ich mich aber in das Kommunikationsfeld 3 begeben.

Reflektiver Dialog: Feld-3-Kommunikation

»Wie geht es Ihnen?«

»Keine Ahnung. Aber wie geht es Ihnen denn?«

»Auch keine Ahnung. Ich bin mit einem komischen Gefühl hierhergekommen.«

»Tatsächlich? Das ist ja interessant. Geht mir eigentlich auch so. Was wird hier gespielt?«

Das Wort Dialog kommt vom griechischen *logos*, »Wort« oder »Bedeutung«, und von *dia*, »hindurch«, und kann wörtlich übersetzt werden mit »Hindurchfließen von Bedeutung«.

Die Bewegung von der Debatte (Feld 2) zum reflektiven Dialog (Feld 3) setzt voraus, dass sich die kollektive Feldstruktur der Aufmerksamkeit, auf deren Basis Kommunikation funktioniert, tiefgreifend umschichtet. Genauso, wie die auf individueller Ebene angesiedelte Haltungsveränderung vom Erkennen zum Erspüren impliziert, dass man der Welt nicht mehr als einer Ansammlung toter Gegenstände gegenübertritt, sondern ihr als ein Feld lebendiger Beziehungen begegnet, so impliziert die Verschiebung von der Debatte zum Dialog eine Veränderung der inneren Haltung dahingehend, dass man die gegenläufige Ansicht nicht mehr zu bekämpfen versucht, sondern die Sichtweise der anderen Person erkundet und ihr auf empathische Weise innewohnt.

Wenn diese Verschiebung hin zu einem dialogischen Kommunikationsfeld geschieht, erweitert sich deine Perspektive auf das System dahingehend, dass du beginnst, dich selbst als Teil des betreffenden Systems mitwahrzunehmen.

Schöpferischer Dialog: Feld-4-Kommunikation

Auf Ebene 4 bringt die generative Kommunikation neue Ideen, Vorstellungen, Identitäten und inspirierte Energie hervor. Dies geschieht beispielsweise in legendären Sportteams, Jazz-Ensembles und anderen Gruppen, in denen Musizierende sich selbst und gleichzeitig der kollektiv entstehenden Musik zuhören. Wenn die Qualität des Zuhörens und Kommunizierens in eine generative Stufe übergeht, treten deutliche Veränderungen im Erleben der Beteiligten ein.

Im Kommunikationsfeld 4 kommt das Beispiel »Wie geht es Ihnen?« usw. an seine Grenzen. Die Verschiebung zu diesem tieferen Feld der kollektiven Gegenwärtigkeit vollzieht sich oft nach einem Übergangsmoment der Stille. Aus diesem Grund nutzen Gruppen, die auf diese tiefste Ebene vordringen möchten, oftmals die intentionale Stille als Zugangsweg. Der Fokus liegt hierbei weder auf einer rein äußerlichen noch auf einer rein innerlichen Aktivität. Es handelt sich um einen inneren Ort des Haltens, an dem man weder übermäßig interveniert, noch sich ausklinkt.

Wenn dieses tiefe generative Feld aktiviert ist, erleben wir das meistens so, als ob sich die *Zeit* verlangsamt, der *Raum* sich öffnet, ein Gefühl der Öffnung der *Selbstdezentrierung* stärker wird, während sich die Grenze zwischen *dem Selbst und dem Anderen* öffnet, um einer gemeinsamen Gegenwärtigung Raum zu geben. In generativen Dialogen erlebe ich oft, dass Ideen sich gemeinsam entwickeln. Beteiligte sagen nicht mehr: »Das ist meine Idee.« Stattdessen betreibt die Gruppe die Kunst des gemeinsamen Denkens, bei dem sich eine Idee aus der anderen ergibt. Die Auswirkungen dieser Art von Kommunikation können tiefgreifend sein und den Kurs eines Menschenlebens gestalten und nachhaltig verändern.

Viele erfahrene Fachleute, Erneuerer, Spitzenathleten und großartige Künstler kennen derartige Verschiebungen gut. Bill Russell, der legendäre Basketballspieler, beschreibt solche besonderen Momente in seinem 1979 erschienenen Buch *Second Wind: The Memoirs of an Opinionated Man* (S. 155–158):

> Von Zeit zu Zeit heizte sich ein Spiel der (Boston) Celtics so stark auf, dass es mehr wurde als nur ein körperliches oder auch mentales Spiel; es wurde zu etwas Magischem. Dieses Gefühl lässt sich schwer beschreiben, und ich habe während des Spiels nie darüber gesprochen. Wenn es geschah, konnte ich spüren, wie mein Spiel auf eine neue Ebene angehoben wurde. Es geschah selten und hielt nur so zwischen fünf Minuten und einer Viertelstunde oder auch länger an. [...] Es umhüllte nicht nur mich und die anderen Spieler von Celtics, sondern auch die Spieler im anderen Team und sogar die Schiedsrichter.
>
> Auf dieser speziellen Ebene ereigneten sich alle Arten von seltsamen Dingen: Das Spiel ging in die heiße Phase des Wettkampfs, und dennoch fühlte ich mich nicht wie im Wettkampf, was an und für sich ein Wunder ist. [...] Das Spiel war so schnell, dass jede Täuschung, Abkürzung und jeder Pass zu einer Überraschung wurden, und dennoch konnte mich nichts überraschen. Es war schon fast so, als ob wir in Zeitlupe spielten. Während eines solchen Zaubers konnte ich nahezu spüren, wie sich das nächste Spiel entwickeln würde und wo der nächste Ball hingehen würde. [...] Meine Vorahnungen waren durchgängig richtig, und ich hatte damals immer das Gefühl, dass ich all die (Boston) Celtics nicht nur vom Herzen her kennen würde, sondern auch die gegnerischen Spieler, und dass sie alle auch mich auf die gleiche Weise kannten.
>
> Während meiner Karriere gab es oft Situationen, in denen ich mich gerührt oder euphorisch gefühlt habe, aber dies waren die Momente, wo es mir wirklich heiß und kalt den Rücken runterlief.

Organisieren

Global agierende Organisationen sind eine neue Gattung auf unserem Planeten – eine Gattung, die sich innerhalb von weniger als 200 Jahren so entwickelt hat, dass sie die Erde beherrscht. Organisationen sind eigentlich Geometrien der Macht. Sie strukturieren unsere kollektive Entscheidungsfindung. Wenn wir die Entwicklung von Organisationen anschauen, erkennen wir vier verschiedene Stufen: zentralisiert, dezentral, vernetzt und ökosystemisch. Darin spiegeln sich verschiedene Ebenen oder Qualitäten, wie Organisationen arbeiten. Auch hier besteht die Kunst darin, Werkzeuge zu entwickeln, mit deren Hilfe eine Organisation sich abhängig davon, was erforderlich ist, zu diesen verschiedenen Stufen hin verändert und entwickelt.

Zentralisiert

Bei Organisationsstrukturen 1.0 ist die Macht der Entscheidungsfindung an der Spitze der Pyramide angesiedelt. Macht ist zentralisiert, verläuft von oben nach unten und ist oft mit formalisierten Rollen verbunden. Solche Strukturen funktionieren gut, solange die Person (oder zentrale Gruppe) an der Spitze wirklich gut und die Organisation relativ klein und wendig ist. Doch wenn Organisationen oder Unternehmen zu wachsen beginnen, müssen sie Macht dezentralisieren, um Entscheidungen näher an den Märkten, Verbrauchern oder Bürgern finden zu können. Die daraus resultierenden Strukturen 2.0 definieren sich sowohl durch Hierarchie als auch durch Wettbewerb.

Dezentral

Bei Organisationsstrukturen 2.0 ist es aufgrund der Dezentralisierung und Divisionalisierung möglich, die Quelle der Macht näher an die Peripherie zu rücken. Das Ergebnis ist eine in ihrer Funktion, Aufteilung oder Geografie differenzierte Struktur, bei der Entscheidungen näher an den Märkten, Verbrauchern, Gemeinschaften oder Bürgern gefällt werden. Der Vorteil solcher Strukturen liegt in der unternehmerischen Unabhängigkeit aller ihrer Abteilungen oder Einheiten, in ihrer Verantwortlichkeit und Fokussierung auf Leistungsbereitschaft. Der Nachteil ist, dass sich niemand um die wechselseitige Abhängigkeit, d. h. um den Leerraum zwischen den Einheiten, kümmert. Dies führt uns zu Strukturen 3.0.

Vernetzt

Bei Organisationsstrukturen 3.0 bewegt sich die Quelle der Macht noch weiter vom Zentrum hin zur Peripherie. Sie entspringt einem Bereich, der jenseits der traditionellen Organisationsgrenzen liegt. Dies führt zur Verflachung von vertikalen Strukturen und zur Entstehung von vernetzten Beziehungen. Macht entsteht grenzüberschreitend aus den Beziehungen zwischen den unterschiedlichsten Akteuren. Wie viele Menschen mir unterstellt sind, ist weniger wichtig als die Qualität der Beziehungen meiner Partner innerhalb und außerhalb der Organisation oder beispielsweise die Zahl der Follower auf Facebook und Twitter.

Der Vorteil von Strukturen 3.0 liegt in der Dezentralisierung von Macht und Entscheidungen wie auch in dem hohen Grad der Vernetzung von Akteuren. Der Nachteil ist erhöhte Vulnerabilität, wenn man mit Umbrüchen konfrontiert oder durch Kapitalinteressen blockiert ist; denn kleine Gruppen können Lobbyaktivitäten leichter und damit schneller organisieren als große Gruppen.

Ökosystemisch

Strukturen 4.0 bzw. ökosystemische Strukturen funktionieren so, dass das gesamte entsprechende Ökosystem, das um einen gemeinsamen Zweck herum organisiert ist, beispielsweise eine Organisation, eine Region, eine Ökonomie, untereinander verbunden und weiterentwickelt wird. »Schwarmorganisationen« und Agile Organisationen oder TEAL-Organisationen[2] beruhen durchweg auf selbstorganisierenden Kreisstrukturen (Circle Structures) und sind auf einen gemeinsamen Zweck und institutionelle Wechselbeziehung gerichtet. Da die Entscheidungsfindung sogar noch weiter zur Frontlinie von Organisationen (Mitwirkungsmöglichkeiten) geschoben wird, funktionieren diese flachen und fließenden Strukturen der Entscheidungsfindung nur in dem Maße gut, in dem sich das Bewusstsein der Beteiligten vom egosystemischen zum ökosystemischen Modus weiterentwickelt hat. Das heißt, dass die mit der Entscheidungsfindung befassten Kreise die Fähigkeit entwickeln, auf der Basis lokalen Wissens zu handeln, während sie sich gleichzeitig der organisationsübergreifenden Interdependenz bewusst und auf einen gemeinsamen Zweck ausgerichtet sind.

Institutionelle Umstülpung

Die Entwicklung heutiger Organisationsstrukturen zeigt ein deutliches Muster: die *institutionelle Umstülpung*, d. h., die Innenseite

---

2 (*Teal* oder deutsch *petrol* bezieht sich auf die integral evolutionäre Stufe von Frédéric Lalouxs Modell. Merkmale: Selbstführung, Ganzheitlichkeit, evolutionärer Sinn, Analogie zu lebenden Organismen. Verfügbar unter: http://xpreneurs.co/was-ist-eigentlich-teal-eine-auseinandersetzung-mit-lalouxs-organisationalen-paradigmen [18.01.2019] – Anm. d. Übers.).

wird nach außen und die Außenseite nach innen gekehrt. Ein einfaches Beispiel des Umstülpens: Du hältst eine Socke am Bund in der einen Hand, greifst mit der anderen tief in die Socke hinein und ziehst die Fußspitze so weit zurück, bis du das Innere vollständig nach außen gekehrt hast. In Bezug auf Organisationen bezieht sich das Prinzip der Umstülpung auf viele der Kernfunktionen von Management. Beispiele für Arten der Nutzbarmachung kollektiver Intelligenz wie Crowdsourcing (umgestülpte Forschungs- und Entwicklungsaufgaben, die Unternehmen an freiwillige Nutzergemeinschaften auslagern), Crowdfunding (Finanzierung, bei dem Kapital zur Finanzierung von Geschäftsideen von einer Vielzahl von Personen beschafft wird) oder Schwarmintelligenz und andere Arten der Nutzbarmachung kollektiver Intelligenz zeigen, wie von oben nach unten verlaufende siloähnliche Strukturen in eine ökosystemische Organisation umgekehrt werden.

Von daher ist die institutionelle Umstülpung ein tiefgreifender Öffnungsprozess, bei dem die Quelle der Macht von der Spitze bzw. vom Zentrum auf die sie umhüllende Sphäre verlagert wird. Hierzu ein Beispiel.

BALLE (Business Alliance for Local Living Economies): White Dog Café – eine Bewegung für eine neue Ökonomie

BALLE hat 22.000 Mitglieder und ist das am schnellsten wachsende Netzwerk sozial und ökologisch verantwortlicher Unternehmen in Nordamerika.

Die Suche nach den Ursprüngen von BALLE führt uns zum White Dog Café in Philadelphia und zu seiner Gründerin und Eigentümerin Judy Wicks, die ihre Erinnerungen in *Good Morning, Beautiful Business* festgehalten hat. Im Laufe von 25 Jahren hat Judy Wicks eine Reihe bahnbrechender Geschäftspraktiken entwickelt, darunter auch Direktpartnerschaften zu örtlichen Landwirten sowie die nachhaltige und lokal angesiedelte Mittelbeschaffung.

Sobald sie diese Praktiken übernommen hatte, florierte das White Dog Café besser und wurde erfolgreicher. Doch statt sich auf ihren Lorbeeren auszuruhen, beschloss Judy Wick, etwas anderes zu machen. Sie erkannte nämlich: Wenn sie sich wirklich um das Wohlergehen ihrer Gemeinde und ihrer Umgebung sorgte, musste sie ihren Konkurrenten vermitteln, wie sie das machen müssten, was sie selbst bereits machte.

In einem 2011 von Elizabeth Hoffecker Moreno vom MIT geführten Interview – aus meinem mit Katrin Käufer verfassten Buch *Von der Zukunft her führen: Theorie U in der Praxis* – sagte Judy Wicks: »Es war ein Augenblick, als ich erkannte, dass es so etwas wie ein einzelnes nachhaltiges Geschäft nicht gibt, ganz gleich, wie gut die Praktiken innerhalb meiner Firma waren, ganz gleich, ob ich kompostierte und recycelte, bei den lokalen Landwirten kaufte und erneuerbare Energien nutzte usw. – das war alles nur ein Tropfen auf den heißen Stein. Ich musste über die Grenzen meines eigenen Unternehmens hinausgehen und anfangen, zusammen mit anderen zu arbeiten, und insbesondere mit meinen Konkurrenten, um ein ganzes System aufzubauen, das auf diesen Werten beruht«.[3]

Um in diese Welt einzutauchen, gründete Judy Wicks 2001 die Stiftung White Dog Café, die sie mit einem Teil der Gewinne aus ihrem Restaurant finanzierte. Das erste Projekt der Stiftung war Fair Food (www.fairfoodphilly.org) mit der originellen Zielsetzung, Konkurrenten des White Dog Café – die Köche und Besitzer lokaler Restaurants in Philadelphia – kostenlos zu beraten und ihnen beizubringen, wie sie artgerecht gehaltene Schweine und andere Produkte von lokalen landwirtschaftlichen Familienbetrieben beziehen konnten und weshalb das wichtig war.

Ebenfalls unter der Schirmherrschaft der Stiftung war Judy Wicks 2001 an der Gründung von BALLE beteiligt, um ein Netzwerk von lokalen Kleinunternehmen aufzubauen, das nach Methoden arbeitete, die sich zu einer realistischen Alternative zu denen der Ökonomie von Konzernketten entwickeln konnten. So beginnt die Geschichte von Judy Wicks und des White Dog Café mit einer einfachen (zentralisierten) Struktur, die später in eine eher dezentrale Netzwerkstruktur (um Konkurrenten bei der Geschäftsgründung zu helfen) übergeht und schließlich in ein zweckorientiertes Ökosystem von lokalen Unternehmensgemeinschaften mündet.

Heute tritt dieses Entwicklungsmuster in den meisten Branchen offen zutage. Schaut man sich nachhaltige Bemühungen in der Modeindustrie oder eine »saubere Umwälzung« im Transport- und Energiewesen an, werden Herausforderungen deutlich, die neue Muster branchenübergreifender Kooperationen und Lernprozesse erfordern.

3 Interview am 23.08.2011, zit. nach Scharmer u. Käufer 2017, S. 256 – Anm. d. Übers.

Koordinieren und führen

Der vierte elementare Handlungsbereich (in Abb. 8 die Mundoebene) betrifft die Führungsarbeit und den Aufbau von Verbindungen zu sozialen Systemen auf der gesellschaftlichen Ebene. Bei der Gestaltung von Gesellschaften ist das Wirtschaftssystem ein dominanter Faktor. Die Verteilung der Arbeit ist der Schlüssel zu den erstaunlichen Produktivitätsanstiegen in unseren modernen Volkswirtschaften. Doch damit geht eine Frage einher: Wie wird das Ganze koordiniert? In der jüngeren Geschichte haben wir auf diese Frage drei verschiedene Antworten – das heißt drei unterschiedliche Koordinationsmechanismen – erhalten, und heute sehen wir die Entstehung eines vierten.

Laut Arnold Toynbee, dem britischen Historiker, beruht gesellschaftliche Entwicklung auf einem Kreislauf aus Herausforderung und Reaktion: Struktureller Wandel tritt ein, wenn die Elite einer Gesellschaft auf große soziale Herausforderungen nicht mehr kreativ reagieren kann und deshalb alte soziale Formationen durch neue ersetzt werden müssen. Wir wenden Toynbees Konzept auf das Problem des Koordinationsmechanismus unter den heutigen kapitalistischen Strukturen an und betrachten kurz dessen Entwicklung bis heute.

Gesellschaft 1.0: Hierarchie als Koordinationsmechanismus

Stell dir Europa 1648 nach dem Dreißigjährigen Krieg vor. Stell dir Russland 1917 nach der Oktoberrevolution vor, China 1949 nach dem Bürgerkrieg oder Indonesien, nachdem Sukarno erster Präsident geworden war. Aus Chaos war das tief empfundene Bedürfnis nach Stabilität entstanden – das heißt: nach einer starken sichtbaren Hand, manchmal auch in Form einer eisernen Faust, die für Sicherheit sorgen und gleichzeitig die Verteilung knapper Ressourcen sowie Investitionen in die dringend benötigte öffentliche Infrastruktur vornehmen sollte. In dieser Hinsicht lässt sich der Sozialismus des 20. Jahrhunderts in der Sowjetunion (in Anlehnung an die Theorie von Karl Marx) nicht als eine postkapitalistische Stufe der wirtschaftlichen Entwicklung, sondern als eine präkapitalistische (gewissermaßen merkantilistische) Stufe betrachten. Das Hauptmerkmal dieser Stufe der gesellschaftlichen Entwicklung ist ein starker alleiniger Akteur, der die Macht der Entscheidungsfindung über das Ganze in Händen hält.

Gesellschaft 2.0: Wettbewerb als Koordinationsmechanismus

Die positive Errungenschaft einer staatlich gelenkten, primär an Strukturen der Entwicklungsstufe 1.0 orientierten Gesellschaft ist seine Stabilität. Zentralisierte Macht schafft Strukturen und Ordnung und eine Beruhigung des vorausgehenden Chaos. Die Kehrseite von Gesellschaft 1.0 ist ihr Mangel an Dynamik und meistens auch ein Mangel an persönlicher Initiative und Freiheit.

Die Geschichte zeigt: Je erfolgreicher eine Gesellschaft dem Bedürfnis nach Stabilität begegnet, desto wahrscheinlicher folgt dieser Stufe eine Verlagerung des Fokus von Stabilität zu Wachstum und größerer persönlicher Initiative und Freiheit. Diese Verschiebung lässt Märkte und einen dynamischen Unternehmenssektor entstehen, der das Wirtschaftswachstum ankurbelt.

An diesem Schnittpunkt sehen wir eine Reihe institutioneller Innovationen wie etwa die Einführung von Märkten, Eigentumsrechten und eines Bankwesens, das Zugang zu Kapital bietet. Diese Veränderungen ermöglichten eine noch nie zuvor da gewesene Explosion von Wirtschaftswachstum und massiver Industrialisierung im Europa des 19. Jahrhunderts, wie wir es im Laufe der letzten vier Jahrzehnte in China, Indien, Indonesien und anderen Schwellenländern beobachtet haben.

Das auf dieser Entwicklungsstufe 2.0 existierende Bewusstsein – das in der Terminologie von Abbildung 8 primär von Feld-2-Strukturen gesteuert ist – kann beschrieben werden als ein erwachendes Egosystem, in dem das Eigeninteresse von Wirtschaftsakteuren als die belebende Kraft fungiert. Auf der Schattenseite dieser Stufe finden sich negative externe Effekte wie etwa die grenzenlose Kommerzialisierung mit ihren ungewollten Nebenwirkungen – wie beispielsweise Kinderarbeit, Menschenhandel, Umweltzerstörung und ein schockierendes Ausmaß an Armut und Ungleichheit.

Gesellschaft 3.0: Koordination durch organisierte Interessen

Die große Errungenschaft einer Ökonomie des Laisser-faire und freier Märkte sind Wachstum und Dynamik; die Kehrseite ist, dass sie keine Mittel hat, um die negativen externen Effekte zu bewältigen, die sie selbst erzeugt. Lösungsvorschläge umfassen die Einführung von Arbeitnehmerrechten, Sozialversicherung, Umweltschutz und Zentralbanken, die die nationale Währung schützen sollen; mit allen diesen Maßnahmen wird dasselbe Ziel verfolgt – den entfesselten

Marktmechanismus in Bereichen einzudämmen, in denen er nicht funktioniert.

Die auf dieser Stufe entwickelten Regulierungen und Veränderungen im institutionellen Rahmen stehen für die Effizienz eines dritten Koordinationsmechanismus: Verhandlung und Dialog zwischen organisierten Interessengruppen.

Mit der Entwicklung einer Gesellschaft werden auch die Sektoren differenzierter: zuerst der öffentliche oder staatliche Sektor, dann der private oder Unternehmenssektor und schließlich der Sektor der zivilen oder nichtstaatlichen Organisation (Nichtregierungsorganisation, NRO). Jeder Sektor verfügt über eigene unterstützende Institutionen. Im Stakeholder-Kapitalismus (Gesellschaft 3.0) werden die klassischen externen Effekte durch Steuern, Sozialversicherung, Regulierungen, Subventionen und dergleichen eingedämmt. Doch der Stakeholder-Kapitalismus ist nicht in der Lage, auf die globalen Herausforderungen unserer Zeit – beispielsweise Klimawandel, Ressourcenknappheit, Massenmigration und sich verändernde Demografien – schnell und effektiv zu reagieren. Gesellschaften 3.0 kommen dadurch an ihre Grenzen, dass die unterschiedlichen Stakeholder und Interessengruppen negativen externen Effekten nur reaktiv begegnen können und daher nur begrenzt die Fähigkeit haben, positive externe Effekte zu schaffen.

Gesellschaft 4.0: Ökosystem-Bewusstsein als Koordinationsmechanismus

Probleme des 21. Jahrhunderts lassen sich mit dem Denken und dem Vokabular der Problemlösung des 20. Jahrhunderts nicht lösen. Jede der hier beschriebenen vier Entwicklungsstufen operiert auf Basis eines jeweils bestimmenden Denkens und Bewusstseins: 1.0 Ökonomien und Gesellschaften funktionieren nach dem Primat eines traditionellen hierarchischen Bewusstseins; 2.0 Ökonomien und Gesellschaften basieren auf einem Erwachen von Eigeninteresse, individueller Kreativität oder des Ego-Bewusstseins.

In 3.0 Ökonomien und Gesellschaften verändert und weitet sich dieses Eigeninteresse. In der Auseinandersetzung und im Dialog mit anderen Beteiligten, die sich kollektiv organisieren, um ihr Eigeninteresse zu artikulieren und ihre Interessen mithilfe von Gewerkschaften, Regierung, Nichtregierungsorganisationen und sonstigen Systemen geltend zu machen.

In einer Ökonomie 4.0 erweitert sich das Eigeninteresse der Akteure auf ein gemeinsames Bewusstsein für das gesamte Ökosystem. Ökosystem-Bewusstsein erfordert, dass wir das Herz und die Wahrnehmung öffnen und Sichtweisen sowie Anliegen anderer Beteiligter internalisieren. Die sich daraus ergebenden Entscheidungen und Resultate nutzen dem ganzen System und nicht nur »meinem eigenen Teil«. Das heißt nicht, dass die individuellen Akteure nicht von ihrem Eigeninteresse her agieren, sondern dass ihr Eigeninteresse ökologische und soziale Folgen des Handelns mit einbezieht.

Näheres über die Grundlagen der 4.0 Ökonomie findest du in Kapitel 6 und in meinem mit Katrin Käufer verfassten und 2013 publizierten Buch *Von der Zukunft her führen: Theorie U in der Praxis.*

Von Feld 1 zu Feld 4: Ein Weg der Umstülpung

Wenn wir die in Abbildung 8 beschriebene Matrix der sozialen Evolution als diagnostisches Werkzeug verwenden, wird das Hauptproblem des heutigen organisationalen und gesellschaftlichen Wandels schnell deutlich: Wir **versuchen, Probleme der Ebene 4 mit Reaktionen und Routinen zu lösen, die auf die Ebenen 1–3 begrenzt** sind, und ignorieren dabei Einsteins Diktum, wonach man Probleme nicht mit dem gleichen Denken lösen kann, das genau diese Problemen in die Welt gebracht hat.

Wie also können wir Individuen, Gruppen, Organisationen und Systemen helfen, ihre Kapazität so voranzubringen, dass sie die gesamte Matrix aktivieren und nicht in Reihe 1 und 2 der Matrix stecken bleiben?

Auf diese Frage werden wir weiter unten näher eingehen. Für den Moment nur so viel: Am Anfang dieses Kapitels haben wir über verschiedene Aggregatzustände von Wasser – vom Feststoff über Flüssigkeit zum Dampf – gesprochen, die sich ändern, wenn Eis bzw. Wasser erhitzt wird. An den Spalten der Matrix (Abb. 8) kannst du die verschiedenen Zustände und Stufen der Entwicklung des sozialen Feldes ablesen. Die größte Erkenntnis ist dabei die, dass **die Veränderungen in der Wahrnehmung und im Bewusstsein entlang der vertikalen Achse der Matrix über alle Spalten hinweg gleich sind.** Diese Einsicht kam mir, als ich Francisco Varelas Büro verließ.

Feld	Zeit	Raum	Beziehung	Selbst	Stofflichkeit	Handlung	Denken
Feld 1: gewohn-heitsmäßig	entkörpert	ein-dimensional	sich anpassend	habituell/gewohn-heitsmäßig	abwesend	Regel wiederholen	von gewohn-heitsmäßigen Mustern her
Feld 2: subject subjekt-objekt	chronologisch	zwei-dimensional	konfrontierend	rational	Ressource	Regel erkennen	vom Kopf her
Feld 3: empathisch-beziehungs-bezogen	verlangsamt	drei-dimensional	verbindend	relational	lebendes System	Regel reflektieren	vom Herzen her
Feld 4: generativ	Stille/Kairos	vier-dimensional	gemeinsam anwesend werden lassen	Entstehen eines höheren Selbst	Lebendige Gegenwart	Regel generieren	vom Anwesend-Werden des Ganzen her (Presencing)

Abb. 11: Matrix der sozialen Evolution: Die Erste-Person-Perspektive

Bewegen wir uns auf der Matrix von oben nach unten, also von Ebene 1 zu Ebene 4, erleben wir einen Prozess des *Öffnens* und *Vertiefens*. »Öffnung« bedeutet, dass unsere Aufmerksamkeit die Binnengrenze unserer eigenen Echo-Kammern überschreitet, dass wir unser Wahrnehmen und Denken aufmachen: Öffnung vom Mikrokosmos zum Makrokosmos. Meine Erfahrungen im Team, in der Familie oder der Organisation sind auf das Ganze der Gesellschaft anwendbar: Wenn wir das Denken, das Fühlen und den Willen öffnen, verbinden wir uns mit den uns umgebenden Intelligenzen: **dem Denken der Gemeinschaft, dem Herzen der Gemeinschaft** und **der Intention oder dem Willen des im Entstehen begriffenen sozialen Feldes.**

»Vertiefung« bedeutet, das Äußere nach innen zu nehmen, und ihm eine tiefere Dimension zu geben. Den verschränkten Prozess, in dem das Innere nach außen und das Äußere nach innen gekehrt werden, bezeichne ich als *Umstülpung*.

Um erfolgreiche Führungsarbeit zu leisten oder Veränderung zu bewirken, müssen wir genau diese Umstülpung vollziehen: uns den Intelligenzen unseres Umfeldes gegenüber öffnen und ihnen in unserem Inneren einen tieferen Raum geben.

Wie sieht eine solche Erfahrung im generativen Feld aus der Erste-Person-Perspektive aus? Zu den Veränderungen, die meine Kollegen und ich erlebt haben, gehören folgende (s. auch Abb. 11):

- **Die Zeit verlangsamt sich.** »Es war fast so, als ob wir in Zeitlupe spielten«, während die Grenze zwischen der Gegenwart und der entstehenden Zukunft fällt, wie Bill Russell sich ausdrückt.
- **Der Raum öffnet sich.** In Momenten tiefgreifender Verschiebungen im Rahmen von Gruppenprozessen spüren die Teilnehmenden oft eine Erweiterung des sie umgebenden gemeinsamen Raumes, insbesondere eine Öffnung nach oben.
- **Die Grenze zwischen dem eigenen Selbst und dem der anderen fällt.** Bill Russell schrieb über den Fall der Grenze zwischen seinem Team und dessen Gegnern: »Es umhüllte nicht nur mich und die anderen Spieler von Celtics, sondern auch die Spieler im anderen Team und sogar die Schiedsrichter.«
- **Das Selbst beginnt, sich zu dezentrieren.** Diese Art von Bewusstsein wird manchmal als panoramaartiges Bewusstsein bezeichnet. Bill Russell scheint ein panoramaartiges Bewusst-

sein des gesamten Spielfeldes, »alle gegnerischen Spieler« eingeschlossen, zu meinen.

- **Die Stofflichkeit verändert sich**. Auch die Qualität von Materie und Sinneswahrnehmung verändert sich spürbar. Workshopteilnehmer berichten oft, dass beispielsweise in Momenten, in denen soziales Presencing einsetzt, auch die Qualität des Lichts »sich verdichtet« oder »warm« ist.
- **Der Handlungstypus verändert sich**: von **regelreproduzierenden Handlungen zu regelgenerierenden Handlungen.** Letzteres meint ein »Handeln von der Quelle her«. Handeln von der Quelle her geht oft mit dem Erleben einer Gegenwärtigkeit einher, die nicht auf das eigene Ich punktartig zentriert ist, sondern die eher feldartig *durch* das eigene Ich hindurch wirksam wird.
- **Das Denken verändert sich**: vom gewohnheitsmäßigen Denken zum Denken von der Quelle her, d. h. das Denken als Vehikel für das Anwesend-Werden-Lassen des Ganzen (Presencing).

Das System dazu bringen, sich selbst zu erspüren und zu sehen

Jeder, der in diesem Jahrhundert lebt und beobachtet, wie wir gemeinsam unseren sozialen Feldern eine Form geben, hätte die Kästchen der zwei Tabellen (Abb. 8 und 11) auch ausfüllen können. Der Blick auf diese Tabellen ist so, als ob man **in den Spiegel unserer Entwicklung schaut** und die Muster sieht, nach denen wir individuell und kollektiv handeln. Dieser Vorgang beugt den Beobachtungsstrahl über alle Ebenen der Matrix hinweg **auf unser sich entwickelndes Selbst zurück.**

Was sind die treibenden Kräfte dieser evolutionären Bewegung, die sich manchmal vorwärts und manchmal auch rückwärts ausrichten kann (wie wir im Zeitalter von Trump sehen)? Es sind zwei wesentliche Triebkräfte. Die eine Kraft wirkt von *außen*: Das sind die Herausforderungen des Umbruchs, die uns zum Innehalten, zum Loslassen und Kommenlassen zwingen. Diese zeigen sich in den ökologischen, sozialen, spirituellen und digitalen Umbrüchen, die sich in diesem Moment ereignen.

Die andere treibende Kraft wirkt von *innen*: Das ist das spontane Erwachen eines neuen Bewusstseins, eines neuen Gefühls der Verbundenheit mit den anderen, dem Planeten und mit unseren Zukunftsmöglichkeiten. Die Frage, wie wir die tieferen Quellen unseres Bewusstseins zugänglich machen, steht im Zentrum von Kapitel 4.

4 Das Nadelöhr

In meiner Arbeit mit Gruppen und Organisationen erlebe ich oft Momente, in denen man das Gefühl hat, sich dieser Schwelle auf dem tiefsten Punkt des U-Prozesses zu nähern. Wird diese Schwelle nicht überschritten, ist all das Gerede über Wandel bedeutungs- und zusammenhanglos. Ich bezeichne sie manchmal als Nadelöhr. Im antiken Jerusalem gab es ein Tor, das »die Nadel« genannt wurde und so eng war, dass der Kameltreiber seinem voll beladenen Kamel vor dem Tor die Last abnehmen musste, damit das Kamel passieren konnte. Im Hinblick auf dieses sehr bekannte Bild jener Tage sagte Jesus: »Eher geht ein Kamel durch ein Nadelöhr, als dass ein Reicher in das Reich Gottes gelangt.« Entsprechend müssen wir, um die Schwelle auf dem Grund des U zu überschreiten, alles ablegen, was nicht unbedingt essentiell oder notwendig ist.

Ich habe diese subtile Schwellensituation in vielen Presencing-Klausuren erlebt. Wenn Menschen – ob nach einem Tag, nach zwei Tagen oder auch nur nach einem halben Tag – von ihrem Solo- und Stilleerlebnis in der Natur zurückkehren, erkennt und spürt man bei ihnen sofort eine neue Präsenz oder Gegenwärtigkeit. In dem Dialoggespräch, das auf die Stille folgt und bei dem die Beteiligten über ihre Erfahrungen berichten, sprechen viele über ihren Lebens- und Berufsweg so, als ob ihnen ein neues Augenlicht aufgegangen wäre, d. h., sie beginnen ihren eigenen Weg von einer etwas übergeordneten Warte aus wahrzunehmen. Sie erkennen ihre Gewohnheitsmuster, ihre tieferen Intentionen, das, was ihnen besonders wichtig ist, ihre Bestrebungen für sich selbst und für ihre Gemeinschaft. Kurzum: Nichts ist, wie es zuvor war.

Diese Schwelle überschreiten heißt, dafür bereit sein loszulassen, d. h., alte Muster, Annahmen und auch das alte »Selbst« abzulegen. Nur dann ist es möglich, unser schlafendes Potenzial, unser entstehendes »Selbst« zu aktivieren, ihm zum Wachbewusstsein zu verhelfen.

Das ist nicht so abstrakt, wie es vielleicht klingt. Es ist subtil, wie mein Freund und Kollege Peter Senge gern betont, und soll an zwei Geschichten veranschaulicht werden, in denen etwas geschah, was meine Vorstellung vom eigenen Ich verändert hat. In diesem Kapitel wird die eher persönliche Seite dieser Veränderung erkundet, während in den restlichen Kapiteln die Veränderung auf organisationaler und systemischer Ebene thematisiert wird.

»Ich erwarte sehr viel von Ihnen«

Als ich an der Universität Witten/Herdecke Ökonomie und Management studierte, las ich zusammen mit Studienkollegen auch die Werke von Philosophen, die uns interessierten.

Zu ihnen gehörten Platon, Aristoteles, Nietzsche und einige zeitgenössische Philosophen. Einer von ihnen war Vittorio Hösle; er war inspiriert von Hegel und verknüpfte die Wirtschaftskrise unserer Zeit mit der Entwicklung philosophischen Denkens. Nachdem ich vielleicht so um die 1000 Seiten seines Werkes gelesen hatte, traute ich mich schließlich, in seinem Sekretariat um ein Gespräch mit ihm zu bitten (zu jener Zeit lehrte er an der von Witten/Herdecke nicht weit entfernten Universität Essen).

Vittorio Hösle erklärte sich bereit. Mein Herz klopfte, als ich sein Büro betrat. Was dachte ich in dem Augenblick? Wie konnte ich, ein unbekannter Student von nirgendwo, um ein Gespräch mit jemandem bitten, der sich in meinem intellektuellen Universum fast auf derselben Ebene befand wie Platon, Aristoteles oder Laotse? Er war sehr freundlich und beantwortete alle meine vorbereiteten Fragen. Ich war verblüfft, dass er mich wie auf Augenhöhe behandelte. Ich war erstaunt und konnte es fast nicht glauben. Dann war plötzlich unsere Gesprächszeit um.

Als ich mein Aufnahmegerät zusammenpackte, wandte er sich plötzlich mir zu und sagte: »Wissen Sie, ich erwarte SEHR VIEL von Ihnen in der Zukunft!«

Was? Zu wem spricht er? Zu mir? Das kann doch gar nicht sein. Aber sonst war niemand im Raum. Die Zeit verlangsamte sich und blieb gefühlt für einen Moment stehen. Vielleicht dämmerte mir auch, dass er nicht zu der Person sprach, die *ich* als mein altes Ich kannte. Vielleicht sprach er zu einem anderen Teil in mir – einem Teil, den er sehen konnte und der mir nicht gegenwärtig war. All das geschah innerhalb von vielleicht 5 oder 10 Sekunden – doch es fühlte sich wie eine halbe Ewigkeit an. In diesem Augenblick hatte ich das seltsame Gefühl, leicht nach oben in einen Raum der grenzenlosen Möglichkeiten gehoben zu werden.

Als ich das Büro von Vittorio Hösle verließ, war ich nicht mehr dieselbe Person. Ich war einem Philosophen, einem Lehrer begegnet, der in dem Studenten einen Keim für etwas Zukünftiges sah. Es war der Keim eines sich entwickelnden Bewusstseins, das den Studenten vielleicht etwas weniger starr und etwas offener für Zukunftsmöglichkeiten jenseits seines damaligen Vorstellungshorizonts gemacht hat. Interessanterweise ging Hösle 1999 in die Vereinigten Staaten und lehrt seither an der University of Notre Dame (im Bundesstaat Indiana). Seit unserem Gespräch vor etwa 25 Jahren habe ich keinen direkten Kontakt mehr mit ihm gehabt.

Die Reintegration von Geist und Materie

Drei Jahre später. Nachdem ich nach Cambridge im US-Bundesstaat Massachusetts gegangen war, begann ich eine neue, von McKinsey & Company gesponsorte Interviewrunde mit Innovatoren. Ein Interviewpartner war Peter Senge. Er erzählte als Erstes von seinem jüngsten Erlebnis in Hongkong. »Ich hatte ein interessantes Gespräch mit dem chinesischen Zen-Meister Nan Huai-Chin. Aufgrund seiner Integration von Buddhismus, Taoismus und Konfuzianismus schätzt man ihn in China als einen außergewöhnlichen Gelehrten. Ich wollte von ihm seine Meinung zu der Frage wissen, ob die Industrialisierung so große Umweltprobleme hervorrufen wird, dass wir uns schließlich selbst zerstören, und ob wir einen Weg zum Verständnis dieser Probleme finden müssten, um die industriellen Einrichtungen entsprechend zu verändern. Er stimmte dem nicht vollständig zu, denn er sah die Dinge anders. Aus seiner Sicht gab es eine tiefere Ebene, und er meinte: ›Es gibt auf der Welt nur ein einziges wirkliches Grundproblem, und das ist die Reintegration von Geist und Materie.‹ Genau das hat er zu mir gesagt: ›die **Reintegration von Geist und Materie.**‹«

Als ich Peter Senge zuhörte, wurde tief in meinem Inneren eine Saite angeschlagen. Ich spürte, wie in mir und um mich herum langsam eine Sinnfrage Gestalt anzunehmen begann: Was bedeutet die Trennung von Geist und Materie im Rahmen unserer heutigen Industriegesellschaft? Ich wurde an die Arbeit meiner Eltern auf ihrem

Bauernhof erinnert. Das sichtbare Ergebnis der Landwirtschaft, d. h. die Ernte, hängt von der Qualität des Bodens ab. Deshalb fragte ich mich: *Was wäre, wenn die Qualität aller sichtbaren sozio-ökonomischen Ergebnisse abhängig ist von dem unsichtbaren sozialen Boden (d. h. dem inneren Bedingungsgefüge), der dem blinden Fleck unserer Wahrnehmung innewohnt?*

Der Kern systemischen Denkens

Ich fragte Peter Senge, wie er die Trennung von Geist und Materie im Hinblick auf unsere Welt der Organisationen sehe. Organisationen, antwortete er, funktionierten so, wie Menschen sie gestalten. Doch Menschen in diesen Organisationen würden behaupten, dass das »System« ihre Probleme verursache. Es sei immer etwas von außen Kommendes, ein »Ding«, das über sie gestülpt würde. Folglich könnte die Realität also so lauten: Gedanken bringen Organisationen hervor, und dann halten Organisationen die Menschen als Gefangene oder, wie der Quantenphysiker David Bohm zu sagen pflegte: »Gedanken erschaffen die Welt, und dann sagen sie: ›Das waren wir nicht!‹«

»Aus meiner Sicht«, fuhr Peter Senge fort, »liegt genau hier der Kern systemischen Denkens: Die Menschen entdecken, wie sich ihre Denk- und Interaktionsmuster auf einer breiten Skala von kollektiven Verhaltensweisen abbilden, und erzeugen genau die Kräfte, mit denen dann die Organisation ›ihnen zusetzt‹. Und damit schließen sie diese Feedbackschleife. Die profundesten Erfahrungen, die ich in der Beratungsarbeit je gemacht habe, sind immer die, wenn jemand plötzlich so etwas sagt wie: ›Heiliger Strohsack! Schaut mal, was wir uns selber antun!‹ oder: ›Vor dem Hintergrund unseres Handelns ist es kein Wunder, dass wir nicht gewinnen können!‹ In solchen Momenten ist für mich immer das **Wir** aussagekräftig. Nicht ›ihr‹, nicht ›sie‹, sondern ›wir‹. [...] Eine wirkliche Systemphilosophie schließt die Feedbackschleife zwischen den Menschen, ihrem Erleben von Wirklichkeit und ihrem Gefühl der Teilnahme am gesamten Zyklus von Bewusstsein und Verwirklichung.«

Ich hatte schon viel über Systemdenken gelesen, aber noch nie so klar und direkt darüber nachgedacht: **Der *Kern systemischen Denkens* ist es, Menschen zu helfen, die Feedbackschleife zwischen dem**

systemischen oder dem kollektiven Verhalten auf der einen Seite und ihrer Quelle auf der Bewusstseins- und Denkebene auf der anderen Seite zu schließen.

Auf diesen Kommentar antwortete Peter Senge leise: »Also, ich glaube nicht, dass ich jemals auf diese Weise darüber nachgedacht habe.«

Aus diesem Gespräch ging ich als anderer Mensch hervor. Etwas Subtiles war in meinem Inneren neu geordnet und konfiguriert. Ich hatte das Gefühl, auf einen wesentlichen Aspekt meiner eigenen Frage getroffen zu sein. Ich konnte die Frage noch nicht ganz in Worte fassen, sie aber sehr stark spüren. Es war eine physische – eine ganz eigene körperliche Empfindung, die eine oder zwei Wochen lang anhielt. Als sie dann schwächer wurde, verdichtete sich meine eigene Fragestellung wie folgt. *Was wäre, wenn die sichtbaren Ergebnisse des sozialen Feldes, die konkreten Handlungen also, abhängig wären vom sozialen Boden, von den inneren Zuständen – das heißt von dem unsichtbaren Teil des Feldes?*

Diese Frage führte mich auf den Weg, die Prinzipien von *Theorie U* herauszufinden, die Matrix der sozialen Evolution eingeschlossen (Abb. 8). Was ist die Matrix eigentlich? Auf dem Weg von der ersten bis zur dritten Zeile erzählt sie die Geschichte der **Reintegration von Geist und Materie in unseren gesellschaftlichen Formen.** Feld 1 beruht auf der kompletten Trennung von Geist und Materie – dem Herunterladen eines leeren, hohlen, leblosen Bestands an Phrasen und Routinen: auf *regelreproduzierendem* Verhalten. Feld 4 beruht auf der kompletten Reintegration von Geist und Materie, die durch *regelgenerierendes* Verhalten in die Welt kommt.

Durch das Nadelöhr

Sowohl die Berührung mit dem Thema »Geist und Materie« als auch die Begebenheit »Ich erwarte sehr viel von Ihnen« sind beispielhafte Momente, in denen etwas geschieht, das dein Empfinden, wer du tatsächlich bist, und deine Vorstellung von der Zukunft, die du mit anderen gestalten möchtest, verändert oder klärt.

Meine Begegnung mit Vittorio Hösle bestärkte mich darin, einen Weg zu gehen, der mich von dem ausgetretenen Pfad abbrachte. Das Gespräch mit Peter Senge über Geist und Materie führte mich zu

Meister Nan in Hongkong und zu vielen weiteren Besuchen in China, sodass schließlich meine derzeitige Arbeit nicht nur in der westlichen, sondern auch stark in den ostasiatischen und südostasiatischen Kulturen verankert ist.

Für die Passage durch das Nadelöhr müssen drei Bedingungen erfüllt sein: die Öffnung des Denkens, des Herzens und des Willens. Öffnung des Denkens bedeutet, das Urteilen zu unterlassen, sodass das **Denken des Universums** durch deine Gedanken wirken kann. Öffnung des Herzens bedeutet, keinen Zynismus zuzulassen, sodass das **Herz der Gemeinschaft** durch deine Gefühle wirken kann. Öffnung des Willens bedeutet, keine Angst zu haben, sodass die **Intention der entstehenden Zukunft** durch dein Handeln wirksam werden kann.

Niemand hat diese feine Verschiebung auf dem Grund des U besser beschrieben als Martin Buber, der dafür die folgenden Worte in seinem Werk *Ich und Du* (1995, S. 57 f.) verwendet:

> Er muss seinen kleinen Willen, den unfreien, von Dingen und Trieben regierten, seinem großen opfern, der vom Bestimmtsein weg und auf die Bestimmung zu geht. Da greift er nicht mehr ein, und er lässt doch auch nicht bloß geschehen. *Er lauscht dem aus sich Werdenden, dem Weg des Wesens in der Welt; nicht um von ihm getragen zu werden: um es selber so zu verwirklichen, wie es von ihm, dessen es bedarf, verwirklicht werden will [...].* (Hervorhebung hinzugefügt).

Die Beziehung zwischen System und Selbst umstülpen

Der subtile Schwellenübergang auf dem Grund des U ist kein einmaliges Ereignis. Er ist uns immer zugänglich. Der Weg entlang des U ist ein Weg zu diesem tieferen Ort und dieser Form von Begegnung. Je besser wir diese tiefgehende Verbindung aufrechterhalten können, desto mehr stellen wir fest, dass sich unsere Beziehung zum »System«, d. h. zum sozialen Feld, verschiebt. Die sieben kleinen Geschichten, die nun folgen, beleuchten, wie sich die Beziehung zwischen dem Selbst und dem System im Laufe der Jahre verändert hat. Dabei nutze ich meine persönliche Erfahrung, da ich hier einen direkten Zugang zu meinen »Erste-Person-Daten« habe, zu den inneren Umbrüchen und Umwandlungen, die in einem solchen Prozess eintreten.

Die Schlacht um Brokdorf

In der ersten Geschichte reagierte ich auf ein System, das komplett außerhalb von mir angesiedelt war. *Das System war der Feind.*

In meiner Jugend, so in den späten 1970er- und den frühen 1980er-Jahren, war ich wie viele andere aus meiner Generation Aktivist in der Umwelt- und Friedensbewegung in Deutschland. Damals war Brokdorf, ein kleiner Ort in Norddeutschland und zufällig nicht so weit weg von unserem Heimathof, eines der Hauptschlachtfelder dieser Bewegung. Brokdorf sollte Standort eines Kernkraftwerks werden. Eines Tages gingen meine Freunde und ich zusammen mit etwa 100.000 anderen Menschen aus ganz Deutschland nach Brokdorf, um gegen den Bau der Atomanlage zu protestieren. Der Protestzug war nicht legal, und der Demonstrationsort war durch ein massives Polizeiaufgebot bewacht, aber alles war friedlich bis zum Schluss, als wir uns der Polizei näherten und sie plötzlich anzugreifen begann. Plötzlich hörten wir ein tiefes, rhythmisches Trommeln und lautes Schreien. Wir drehten uns um und sahen Hunderte, vielleicht auch Tausende schwer bewaffneter Polizisten, die ihre Knüppel auf ihre Schutzschilde schlugen und auf uns zu rannten. Alle wussten, was jetzt zu tun war: rennen. Die Polizei jagte uns über die Felder wie die Hühner. Als sich die Lücke zwischen uns und der Polizei zu schließen begann, hörte ich zuerst und sah dann auch einen Schwarm Hubschrauber näherkommen. Sie flogen so niedrig, dass Menschen zu meiner Rechten und Linken durch die Windkraft der Propeller zu Boden geworfen wurden. Im Rennen schaute ich nach hinten und sah, was mit ihnen geschehen war. Sie wurden von knüppelschwingenden Polizisten zusammengeschlagen.

Eine halbe Stunde später gingen diejenigen von uns, die entkommen waren, schnell und ruhig, eng aneinander gedrängt auf einer breiten Landstraße zurück zu unseren Bussen und Autos. Eine tiefrote untergehende Sonne tauchte die ganze Szenerie in ein kinoartiges Licht. Als die Sonne fast untergegangen war, kurz bevor wir unsere Fahrzeuge erreicht hatten, griff die Polizei wieder an, indem sie aus dem Wald zu unserer Linken herausbrach und ihre Knüppel schwang. Als sie sich uns – schreiend – näherte, geschah etwas Merkwürdiges. Alle in dieser großen Gruppe hielten an und standen absolut still da, alle unsere Körper waren eng beieinander, als ob wir ein großer Gemeinschaftskörper wären. Niemand rannte. Alles verharrte in einem Augenblick völliger Stille. Dann begann die Polizei im nächsten Moment, die Personen in Reichweite ihrer Knüppel zu prügeln. Die Menge reagierte immer noch nicht. Die Schlagstöcke der Polizei schnitten in unseren kollektiven Körper wie Messer in Butter. Nach einer Weile realisierten die Polizisten, dass niemand zurückschlug. Der Gemeinschaftskörper bewegte sich nicht. Überrascht hörte die Polizei auf zu schlagen und zog sich bald zurück.

Als ich an diesem Abend nach Hause kam, war ich ein anderer Mensch. Ich hatte den Feind gesehen. *Dieses System ist unser Feind* (wie die berühmte Zeile aus dem Film *The Matrix* lautet). Ich wusste tief in meinem Inneren, was ich mit meinem restlichen Leben anfangen würde.

Sich im System bewegen

Drei Jahre später schrieb ich mich zum Studium an einer Universität ein. In der folgenden Geschichte wandelte sich mein Verhältnis zu einem System so, dass es für mich kein Feind, sondern eine Erkundung wert war. Meine Studienwahl fiel auf Ökonomie und Management an der Universität Witten/Herdecke. Ich wollte den zentralen Baustein unserer Wirtschaftsordnung verstehen. Nach ungefähr einer Woche musste sich jeder Studierende ein Mentor-Unternehmen suchen, in dem er einen Tag pro Woche und einen großen Teil der Semesterferien verbringen sollte, damit er praktische Erfahrungen und Erkenntnisse sammeln konnte (Learning by Doing). Angesichts meiner friedensbewegten Vergangenheit wollte ich nicht das Geringste mit der Militärindustrie zu tun haben. Deshalb entschied ich mich für ein Textilunternehmen in Wuppertal. Ich schätzte den Geschäftsführer, Erich Colsman, aus unterschiedlichen Gründen, unter anderem wegen seiner Einbindung von künstlerischen Aktivitäten in die Managementweiterbildung. Der Witz an der Sache war, dass mir eine Woche nach Praktikumsbeginn ein paar Maschinen auffielen, die olivgrüne Seile produzierten. Ich fragte, wofür die gut seien. »Ja nun«, war die Antwort, »das sind Fallschirmstricke für die deutsche Luftwaffe.« So viel zu meinen hehren Vorsätzen. Meine Illusion, ich könnte mich vom System abtrennen, währte nur ein paar Wochen.

Lernen, wie man Veränderungsmacher unterstützen kann

In dieser dritten Geschichte verändert sich die Beziehung zwischen mir und dem System insofern, als ich zu lernen beginne, wie ich für andere hilfreich sein kann. 1994 hatte ich mich beim MIT Learning Center beworben. Ich kannte dort niemanden, als ich zu einigen Vorstellungsgesprächen eingeladen wurde. Das letzte Gespräch war das mit William Isaacs, der sagte: »Nun, wir finden es gut, was du da machst, aber wir haben hier am MIT einen Einstellungsstopp. Kannst du deine eigene Finanzierung mitbringen?«

»Natürlich kann ich das«, hörte ich mich antworten, bevor ich auch nur darüber nachdenken konnte. Zwei Monate später zog ich nach Cambridge und begann am MIT. Natürlich hatte ich keine Geldmittel. Schlimmer noch: Ich musste noch ein paar Studiendarlehen zurückzahlen. Da wurde mir klar, dass ich mit einer ausgeschöpften Kreditkarte und ohne irgendwelche anderen Reserven mir etwas einfallen lassen musste. Ich musste lernen, wie man helfende Beziehungen aufbaut – auch bekannt unter dem Begriff der »Prozessberatung«. In dieser Hinsicht fand ich die Arbeit meines Mentors am MIT, Edgar Schein, enorm wertvoll.

Der Witz an der Sache: Damals neigte ich dazu, mich im Stillen ab und zu selbst zu bemitleiden: »Warum wird denn allen die Forschungsarbeit finanziert, nur mir nicht?« Ich ahnte nicht, dass es genau dieser Mangel an Mitteln war, der mich zwingen würde, mich in faszinierende, praxisbezogene Innovationen und Experimente zu stürzen.

In der Folge verlagerte sich mein Fokus so, dass ich **innerhalb** des Systems zu arbeiten begann. Ich lernte zu meiner Überraschung, dass »das System« als solches gar nicht existiert. Was existiert, das sind Koalitionen von Beteiligten, die das System auf eine bestimmte Weise bewegen wollen, und andere Koalitionen von Akteuren, die das System auf andere Weise bewegen wollen. Und viele andere Koalitionen agieren dazwischen. Ich lernte, wie man die Risse in einem alten System erkennt und wie man diese als Fenster zu der Möglichkeit nutzt, mit Systemwandel zu experimentieren.

Ein Moment der Klarheit

Fast zehn Jahre später, im September 2003. Seine Heiligkeit der Dalai Lama trat in seinen ersten öffentlichen Dialog mit führenden Kognitionswissenschaftlern aus der westlichen Welt ein. Der Ort: das MIT Kresge Auditorium, der größte Hörsaal auf dem Campus. Unser Freund und Kollege, der Physiker Arthur Zajonc, war der Veranstalter und Moderator. Am Ende dieser Veranstaltung war ich voller

Energie und begeistert von der Kraft und den Möglichkeiten, ein Feld zu erforschen, das die Welten der Wissenschaft (die Erste-Person-Perspektive) mit dem Bewusstsein (die Dritte-Person-Perspektive) verbindet. In diesen beiden Tagen hatte ich jedoch das Gefühl, dass in dem Gespräch eine dritte Dimension völlig unbeachtet geblieben war, die es aber zur Rahmung der Forschung braucht: die Dimension der sozialen Transformation und Veränderung.

Als ich zusammen mit Katrin Käufer, Dayna Cunningham und Peter Senge den Hörsaal des MIT verließ, konnte ich blitzlichtartig ALLES sehen, was in meinem Leben FALSCH war: Ich schlug zu viele Richtungen ein und verfolgte zu viele Projekte an zu vielen Orten. Nachdem diese Botschaft – Du musst dein Leben ändern! – bei mir angekommen war, sah ich plötzlich, worauf ich stattdessen mein Augenmerk richten sollte. Ich sollte meine ganze Energie auf ein **einziges** Projekt konzentrieren: um einen Ort – eine »globale Universität für Aktionsforschung« – zu schaffen, an dem Wissenschaft, Bewusstsein und gesellschaftliche Transformation durch praktikable, praxisbezogene Experimente, die das System entwickeln, miteinander verbunden werden.

In dieser Geschichte fiel die Grenze zwischen System und meinem eigenen Selbst: Es gab keine Abgrenzung mehr. Sehr deutlich vernahm ich in meinem Inneren den Aufruf und die Erkenntnis, die meinem weiteren Weg eine neue Orientierung geben würden.

Gemeinsame Bilder und Imagination: Das gemeinsame Denken aktivieren

Was kommt nach solch einem Moment beispielloser Klarsicht? Eine ausgedehnte Phase der Abnahme und Trübung der Klarheit. Es gibt immer Ausreden dafür, warum es unmöglich ist, dieses oder jenes zu tun. Doch in diesem Fall dauerte die Phase der nachlassenden Klarheit nicht ganz so lang. Der Hauptgrund dafür war ein Kreis von Freunden und Kollegen in Cambridge (Massachusetts), zu dem Peter Senge, Arthur Zajonc, Diana Chapman Walsh, Katrin Käufer, Jon Kabat-Zinn, Dayna Cunningham und Arawana Hayashi gehörten. Wir trafen uns abwechselnd bei Katrin Käufer und mir in Cambridge und bei Diana Chapman Walsh vom Wellesley College, wo sie damals Präsidentin war. Der Kreis nannte sich S3-Gruppe – zur Integration von Wissenschaft, Spiritualität und sozialer Transformation (die *drei S* sind: *science, spirituality* and *social change*).

Anfang der 2000er-Jahre trafen wir uns jahrelang alle drei oder vier Monate und diskutierten ein breites Spektrum an Themen, waren aber immer darauf konzentriert, die Universität des 20. Jahrhunderts, die alle drei Bereiche integrieren sollte, neu zu denken. Die gemeinsame Vorstellung wurde gelegentlich in einer Kollektivaktion verwirklicht, beispielsweise während der Amtszeit von Arthur Zajonc als Präsident des Mind and Life Institute, wie auch in mehreren verwandten Initiativen am Presencing Institute und der Society for Organizational Learning (SoL).

Im Hinblick auf die Beziehung zwischen System und mir unterscheidet sich die Geschichte des S3-Zirkels von meinen früheren Geschichten in einem wichtigen Aspekt: Statt auf ein externes System zu reagieren, das bereits existiert (meine Erfahrung mit Polizeigewalt, dem Textilunternehmen oder Kundenprojekten), begann diese Initiative eher aus unserem eigenen Innenraum, aus unserem Kreis von Individuen, die sich **gemeinsam** und bildhaft neue Möglichkeitsräume **vorstellten**. Die primäre Wirklichkeit war nicht das externe System, sondern ein gemeinsam imaginierter Möglichkeitsraum.

Gemeinsame Inspiration: Das gemeinsame Erspüren aktivieren

Zwei oder drei weitere Jahre vergingen. Mir war schon seit Längerem aufgefallen, dass meine wenn auch interessanten Interventionen bei Klienten sich fast immer auf Fragen in ihren Organisationen konzentrierten. Wir thematisierten fast nie systemische oder gesellschaftliche Fragen, die über institutionelle Grenzen hinausgingen und die ich zwischenzeitlich für äußerst wichtig hielt.

So hörte ich also eines Tages – unterstützt von Katrin Käufer, Dayna Cunningham und Peter Senge – auf, mich zu beklagen, und wurde aktiv. Ich nahm Kontakt auf zu Geschäftsführern und Managern weltweit operierender Wirtschaftsunternehmen, zu Nichtregierungsorganisationen und verschiedenen Regierungsvertretern international, z. B. auch zu multilateralen Organisationen. »Sehen Sie, wir wissen, dass gewaltige revolutionierende Herausforderungen auf uns zukommen, und wir wissen, dass keine Organisation ihre nächste Führungsgeneration darauf vorbereiten kann, allein auf solche Umbrüche zu reagieren«, war die Art von Rede, mit der ich diese Meetings begann. »Wären Sie bereit, eine oder zwei Ihrer besten High-Potential-Führungskräfte auszuschicken, damit sie einen Teil ihrer

Zeit in einem multisektoralen Innovationslabor verbringen, in dem die zukünftigen Umbrüche mit praktischen Prototyp-Experimenten erkundet werden?«

Wir waren etwas überrascht, dass fast alle Kontaktierten zusagten. Wir nannten dieses Projekt ELIAS (*Emerging Leaders Innovate Across Sectors* – Führungskräfte arbeiten sektorenübergreifend an fundamentalen Innovationen) und hatten zum Schluss eine wunderbar vielseitige Gruppe und Laborerfahrung zusammen. Die persönliche Wirkung war für fast alle 28 Teilnehmer an der ELIAS-Labor-Gruppe lebensverändernd. Die kurzfristig entwickelten Prototypen waren vielversprechend, aber der langfristige Effekt dieser Initiativen war, wie wir später feststellten, geradezu sensationell. Die Prototypen fokussierten auf eine Reihe von Themen: angefangen von emissionslosen Fahrzeugen über erneuerbare Energien bis hin zum Design Thinking in der Politik. Eine Gruppe wiederholte den trisektoralen ELIAS-Ansatz auf staatlicher Ebene, zuerst in Indonesien und später in diversen chinesischen Provinzen.

Nichts, was ich früher gemacht hatte, kam auch nur im Geringsten dem kombinierten Effekt dieser Initiative nahe. Doch niemand hatte mich darum gebeten. Es gab keinen Markt, keine fertige Nachfrage für dieses Projekt. Das Ergebnis war zustande gekommen aufgrund einer Beobachtung des Systems; dabei hatte ich bemerkt, was geschieht und was nicht geschieht, war enttäuscht gewesen über das Missverhältnis und hatte dann die aus dieser Erfahrung entstehende Intention gespürt, die schließlich zu dem Entschluss führte, etwas zu unternehmen.

Rückblickend glaube ich, dass ELIAS ein *schöpferisches soziales Feld* über Individuen und Institutionen hinweg aktiviert hat – es aktivierte die Intelligenz des Herzens und damit ein enormes Maß an Vertrauen zwischen den Teilnehmern, obwohl die betreffenden Organisationen zum Teil in konfliktären Beziehungen zueinander standen. Das Moderatorenteam in diesem Projekt konzentrierte sich darauf, einen schützenden Raum zu schaffen. Wir gaben den Teilnehmenden nicht vor, was sie zu tun hatten. Wir brachten nur den Prozess ein sowie Methoden und Instrumente, und wir halfen ihnen dabei, ein schöpferisches soziales Feld zu co-inspirieren. Von da aus haben dann die Teilnehmenden das Projekt übernommen.

Co-Kreation: Den gemeinsamen Willen aktivieren

2013 war ich an der MIT Management School in einer Sitzung mit Katrin Käufer, Dayna Cunningham und Phil Thompson, alle drei vom Fachbereich für Stadtforschung und -planung (*Department for Urban Studies and Planning*, DUSP). Phil Thompson hatte gerade von seinen Eindrücken aus einer Fakultätssitzung des DUSP mit dem Präsidenten Rafael Reif berichtet, in der Reif eine inspirierende Rede über die Neuerfindung von Bildung und Lernen am MIT gehalten hatte. Nachdem Phil seinen Bericht beendet hatte, schauten wir vier uns an und wussten, dass wir viele Ideen hatten, neue Formate, Methoden und Instrumente für eine Neuerfindung von Bildung zu entwickeln. Doch wie man sich bei solch einer institutionellen Innovationsmöglichkeit aufstellen sollte, war die große Frage. Ich spürte, wie ein tiefer Frust in mir aufstieg. Ein Gefühl, das jedem bekannt ist, der in größeren Systemen unterwegs ist, ohne jedoch die richtigen Leute zu kennen, weil man als Rand- oder Sondergruppe irgendwie nicht zum inneren Zirkel dazugehört. Doch dann hatten wir vier ein wirklich kreatives Gespräch darüber, was es für Möglichkeiten gab.

Am nächsten Morgen schrieb ich eine E-Mail an Präsident Reif, den ich vorher noch nie getroffen hatte. Ein paar Stunden später hatte er den Kontakt zu Sanjay Sarma, dem Leiter von Digital Learning, hergestellt. Dieser schlug mir vor, meine *u.lab*-Klasse am MIT in einen offenen Massen-Online-Kurs (*massive open online course,* MOOC) umzuwandeln. Sowohl Sarma als auch Reif waren die Pioniere, die das MIT zu einer treibenden Kraft in der weltweiten Massendemokratisierung des Wissens gemacht haben, indem sie sämtliche Bildungsinhalte am MIT allen Menschen kostenlos zur Verfügung stellten. Durch ihre Initiative ist eine der heute führenden globalen Online-Lernplattformen entstanden: edX.org. Dankbar nahm ich Sarmas Vorschlag an.

Zehn Monate später, 2015, ging der erste *u.lab*-MOOC online. Heute, 2019, haben wir über 120.000 registrierte Teilnehmende aus 186 Ländern. Demnach hat sich die Zahl von 50 Teilnehmenden an meinem Kurs am MIT durch den *u.lab*-MOOC innerhalb eines Jahres auf 50.000 Nutzer erhöht.

Wie ist das geschehen? Wie erfindet man seine Rolle als Lehrender in einem komplett dezentralisierten Klassenzimmer neu? Dazu mehr weiter unten. An diesem Punkt nur so viel: Meine Rolle als

Professor auf dem MIT-Campus ist in erster Linie deshalb komplett anders als meine Aufgabe, die Co-Moderation dieses globalen Ökosystems mit Hunderten von lokalen Communities innezuhaben, weil Letzteres so dezentralisiert und selbstorganisiert ist.

Der erste *u.lab*-Zyklus wurde mit der Mitteilung abgeschlossen: »Habt herzlichen Dank – es war wunderbar, diese Erfahrung gemeinsam mit euch zu gestalten. Mit dieser Sitzung ist unser Programm zu Ende.« Die Rückmeldungen von Teilnehmenden lauteten beispielsweise: »Wovon sprecht ihr überhaupt? Ihr könnt das nicht so einfach beenden! Habt ihr nicht bemerkt, was da geschieht? Es ist etwas Neues entstanden. Eine Gemeinschaft inspirierter Menschen, die etwas verändern wollen und die um einer besseren Welt willen zusammenarbeiten.«

Nachdem wir dann im Kernteam von *u.lab* mit Adam Yukelson, Kelvy Bird, Julie Arts und Lili Xu über dieses Feedback gesprochen hatten, erweiterten wir den Kurskalender um eine weitere Sitzung und machten uns auf den Weg zu den an vielen Orten angesiedelten *u.lab*-Zentren, um herauszufinden, was bei *u.lab* funktionierte, was nicht funktionierte und welches Ziel wir auf unserer kollektiven Reise als Nächstes ansteuern sollten.

Auch in dieser Geschichte der Co-Kreation ist unsere Aufmerksamkeit darauf gerichtet, einen schützenden Raum zu etablieren, in dem eine globale Gemeinschaft von Veränderungsmachern geboren werden – und sich entwickeln – soll.

Von der Reaktion zur Regeneration

Mit diesen kleinen Geschichten möchte ich zeigen, wie sich die Beziehung zwischen einem System und meinem eigenen Selbst im Laufe der Jahre verändert und transformiert hat. Die Wandlung begann damit, dass ich das System als Feind sah. Die weitere Entwicklung war, dass ich meine Verbindung zum System erkannte, dass ich die Risse im System bemerkte und lernte, wie man den Leuten im System helfen kann, es zu verändern. Die späteren Geschichten über die Entwicklung gemeinsamer Imaginationen, über gegenseitiges Inspirieren und das gemeinsame Erschaffen sind durchweg Varianten einer einzigen Gattung von Geschichten, die danach funktionieren, was Martin Buber so eloquent beschreibt: »Er lauscht dem aus sich

Werdenden, dem Weg des Wesens in der Welt; nicht um von ihm getragen zu werden: um es selber so zu verwirklichen, wie es von ihm, dessen es bedarf, verwirklicht werden will.«

Diese Art von Aufmerksamkeit ist sowohl auf das Innere als auch auf das Äußere gerichtet; darauf, den Raum zu schützen für etwas, das geboren werden und sich zeigen will. Der leichte Unterschied zwischen den drei letztgenannten Beispielgeschichten bezieht sich auf den Grad, in dem die Zukunft gemeinsam definiert wird. Im ersten Beispiel (gemeinsam Imaginationen entwickeln) wird die Zukunft weitgehend gemeinsam bildhaft definiert, während die Zukunft im zweiten Beispiel (gegenseitiges Inspirieren) weniger und im dritten Beispiel (Co-Kreation) am wenigsten gemeinsam definiert wird.

Mit der Präsentation dieser Geschichten in linearer Abfolge wollte ich keine allzu lineare Progression andeuten. In Wirklichkeit ist die Sache komplexer, vielschichtiger, mit mehr Auf und Ab verbunden. Aber ich möchte deine Aufmerksamkeit auf diese subtile Dimension der Quelle lenken, die oft ignoriert wird: **Der entscheidende Ansatzpunkt für einen Transformationsprozess ist, dass du darauf achtest, in welcher Beziehung du als Innovator zu dem System stehst**, das du verändern und sich selbst erneuern lassen willst.

Teil II: Eine Methode zur bewusstseinsbasierten Systemveränderung

Ich glaube, dass die eigentliche Aufgabe von Führung (leadership) in Unternehmen, Regierungen oder Zivilgesellschaften ein und dieselbe ist. Gruppen von Akteuren, die sich gegenseitig brauchen, um das System zu verändern, müssen ihre gemeinsame Handlungsfähigkeit herstellen, indem sie den Schritt vom **Ich** zum **Wir** – das heißt vom *Ego*system- zum *Öko*system-Bewusstsein – vollziehen.

Wie bewerkstelligt man das? In Kapitel 5 wird eine Methode beschrieben, ein Weg, der sich in den letzten 20 Jahren aus zahllosen Experimenten und Anwendungen herausgebildet hat.

5 Ein Prozess, fünf Bewegungen: Erneuern von der Zukunft her

Presencing ist eine Innovationsmethode, die Gruppen und Akteure in die Lage versetzt, die Zukunft gemeinsam zu erspüren und gemeinsam zu gestalten. Eine tiefgreifende Erneuerung verlangt von uns, dass wir Muster des Herunterladens ablegen, um generative soziale Felder zu aktivieren. Die fünf Bewegungen des U-Prozesses sind:

1) Gemeinsam beginnen: Die gemeinsame Intention entwickeln – ein erstes Gefäß bilden;
2) Gemeinsam erspüren: Die Wirklichkeit von den Systemrändern her sehen – die horizontale Verbindung aufbauen (vgl. S. 100);
3) Presencing: Sich mit dem höchsten Zukunftspotenzial verbinden – die vertikale Verbindung aufbauen;
4) Co-Kreation: Das Neue herauskristallisieren und durch praktisches Handeln Prototypen erstellen;
5) Gemeinsam gestalten: Das Neue institutionalisieren und Ökosysteme der Innovation aufbauen.

Die wesentlichen Praktiken und Übungen dieses Prozesses sind im Folgenden überblicksartig dargestellt:

1. Gemeinsam beginnen: Die gemeinsame Intention entwickeln

Am Anfang dieses Prozesses steht die Bildung eines Gefäßes für eine Kerngruppe, die den Prozess gemeinsam durchlebt. In dieser ersten Phase wird die Grundlage für den späteren Prozess und seine Auswirkungen gelegt. Dieser erste Schritt des gemeinsamen Anfangs ist darauf gerichtet, eine gemeinsame Intention zu entwickeln. Der Schlüssel dazu liegt im Zuhören:

- Höre deine eigene Intention und richte deine Aufmerksamkeit darauf, welche Handlungen das Leben von dir erwartet (sich selbst zuhören).

- Höre deine wichtigsten Partner im Feld (anderen zuhören).
- Höre, zu welchen Handlungen du jetzt aufgerufen wirst (dem zuhören, was im Entstehen begriffen ist).

Unternehmensbeispiel: Als ich mit einer mittelgroßen Ökobank arbeitete, die Kapital dazu nutzt, Lösungen für soziale und ökologische Herausforderungen zu finanzieren, entschloss sich das Leitungsgremium zur Neuerfindung ihres Geschäftsmodells. Der Vorstandsvorsitzende lud eine Kerngruppe ein, die aus Mitgliedern des Führungsteams, Bezirksdirektoren und anderen Personen bestand, die auf dem Weg, die höchste zukünftige Möglichkeit dieser Organisation zu realisieren, eine entscheidende Rolle spielen könnten.

Während einer zweitägigen Auftaktveranstaltung identifizierte die Gruppe die treibenden Kräfte, die in ihre Branche zu Umbrüchen zwingen, und stufte sie nach ihrer Relevanz ein. Sie stellte die Frage: Welche kleinen Veränderungen können große Auswirkungen auf das System haben, in dem wir arbeiten? Welche Variablen können die Entwicklung unserer Branche beeinflussen? Ein Faktor, den das Team identifizierte, war »die zur Normalität gewordene Nachhaltigkeit«. Die Gruppe wusste, dass 83 % der Generation Y (die Bevölkerungskohorte, die zwischen 1980 und 2000 geboren wurde – Anm. d. Übers.) von Unternehmen erwarten, zu Themen wie Nachhaltigkeit Stellung zu beziehen. Also bestand die Aufgabe der Bank darin herauszufinden, wie eine ökologisch und sozial eingestellte Bank sich in einem Markt von anderen Banken unterscheiden kann, wenn ihr früheres Alleinstellungsmerkmal zu einem Gemeinplatz geworden war.

Eine weitere treibende Kraft ist die digitale Revolution. Das alte Geschäftsmodell wird infrage gestellt durch Finanztechnologien (Technikunternehmen, die Finanzdienste anbieten), die herkömmliche Dienstleistungen hinfällig machen, indem sie Dienste besser, billiger und schneller ausführen. Wie Bill Gates formuliert: »Das Bankgeschäft ist notwendig, Banken sind es nicht.« Nachdem die Gruppe diese treibenden Kräfte identifiziert und nach Prioritäten geordnet hatte, entwarf sie einen Plan für die Lernreise des gemeinsamen Erspürens (Thema des nächsten Abschnitts). Die Gruppe erarbeitete auch eine Formulierung für ihre mit dieser Arbeit verbundenen Intention und formulierte Fragen, die der »Laborreise« Orientierung geben sollten.

Beispiel für ein Multi-Stakeholder-Unternehmen: Novos Urbanos Social Innovation Lab on Food and Nutrition in Brasilien war die Idee einer einzelnen Person, Denise Chaer, einer jungen Sozialunternehmerin aus Sao Paulo. Als sie am Foundation Program des Presencing Institute in Sao Paulo teilnahm, träumte sie von dem Gedanken, das Konsumverhalten und sozial-wirtschaftliche Beziehungen in brasilianischen Großstädten zu verändern. In einer Reihe von Dialogen und Fokusgruppen schoss sie sich auf ein wichtiges Element des Systems ein: Lebensmittel und Ernährung.

Denise Chaer lud Vertreter des Lebensmittel- und Ernährungssystems ein und brachte damit einen Mikrokosmos des Systems, das sie verändern wollte, in den Raum. Sie brachte verschiedene Experten und Aktivisten in das Projekt, aber auch Verbraucher und andere vom existierenden System betroffene Personen. Dann fing diese bunt gemischte Gruppe an, das System in seiner Gesamtheit aufzuzeichnen, sodass alle Beteiligten ihren eigenen Beitrag zu dem Problem erkennen konnten – unabhängig davon, ob es sich um die großen multinationalen Konzerne handelte, die ihre Zuckergetränke in Schulen verkauften, oder um Eltern, die ihre Familie nicht zu gesunden Essgewohnheiten motivierten. Das von dieser Gruppe entworfene Konzept wird von Fachleuten in Brasilien noch immer dafür verwendet, das Lebensmittelsystem und seine Probleme darzustellen.

Ergebnisse des gemeinsamen Beginnens

Was immer du während der Bewegung des gemeinsamen Beginnens auch machst, stelle sicher, dass ihr am Ende dieser Phase Folgendes etabliert habt:

1) eine gemeinsame Intention in Bezug auf das zu Erschaffende;
2) kritische Fragen, denen ihr nachgehen müsst;
3) eine Kerngruppe, die der Initiative Orientierung gibt;
4) ein Team, das in den U-Prozess einsteigt;
5) Praktiken des schöpferischen Zuhörens und der Kommunikation;
6) eine effiziente Unterstützungsstruktur;
7) Ressourcen: Menschen, Ort, Budget;
8) eine erste Liste von treibenden Kräften, die zu erkunden sind;
9) eine erste Liste möglicher Lernreisen;
10) eine erste Wegkarte für das weitere Vorgehen.

Prinzipien

Die U-Methode lässt sich in 24 Prinzipien zusammenfassen, die in fünf Gruppen an den jeweiligen Abschnitten des U – vom gemeinsamen Beginnen bis zum gemeinsamen Gestalten – beschrieben werden. Um zu zeigen, dass die 24 Prinzipien in ihrer Gesamtheit funktionieren, sind sie über die einzelnen Bewegungen hinweg durchnummeriert. Hier eine Übersicht aller Prinzipien:

1) Höre hin, was dein Lebensweg von dir erwartet!
2) Begib dich an die Ränder und praktiziere schöpferisches Zuhören und Dialog!
3) Kläre deine tiefere Intention und Kernfragen!
4) Bilde eine diversitäre Kerngruppe um die gemeinsame Intention!
5) Bilde ein gemeinsames Gefäß, einen gemeinsamen Denk-Raum!
6) Forme ein hochengagiertes Kernteam!
7) Unternimm Lernreisen zu den Orten mit dem höchsten Potenzial!
8) Beobachten, beobachten, beobachten: Halte die Stimme des Urteilens zurück und suche den inneren Ort des Staunens!
9) Die Praxis schöpferischen Zuhörens und Dialogs: Öffnung des Denkens und des Herzens!
10) Gemeinsame Wahrnehmung: Nutze Social Presencing Theater und andere Methoden feldbasierten Wissens!
11) Circle: Energetisches Aufladen des Feldes!
12) Loslassen: Die Anwesenheit des Circle-Wesens!
13) Intentionale Stille: Suche Praktiken, die dich mit deinen Quellen verbinden!
14) Folge deinem Weg: Tue, was du liebst und was du willst!
15) Kommen lassen: Anwesend werden lassen der entstehenden Zukunft!
16) Die Kraft der Intention: Verdichte deine Vision und Intention!
17) Bilde Kerngruppen: Fünf Leute können die Welt verändern!
18) Schaffe Orte und Plattformen!
19) Baue einen Prototyp 0.8!
20) Bleibe immer im Dialog mit dem Universum!
21) Suche es mit den Händen: Verbinde Kopf, Herz und Hand!

22) Entwickle Techniken, die es dem System erlauben, sich selbst zu erspüren und zu sehen!
23) Entwickle massive Mechanismen zum Aufbau neuer Kooperationsfähigkeiten!
24) Gründe Labore und Plattformen zur Bearbeitung des sozialen Bodens!

Hier sind die ersten fünf Prinzipien:

1. Höre hin, was dein Lebensweg von dir erwartet!

Beim U-Prozess geht es im Wesentlichen um die Stärkung unserer Fähigkeit, gegenwärtig zu sein und bewusst gemeinsam etwas zu erschaffen. So wie Edgar Scheins Herangehen an die Prozessberatung mit den Prinzipien beginnt: »Versuche immer, hilfreich zu sein« und »Sei immer im Kontakt mit der Wirklichkeit«, beginnt der U-Prozess des Presencing mit dem Primat von Aufmerksamkeit und Intention: »Höre hin, was dein Lebensweg von dir erwartet.« Oder, um es mit den Worten Martin Bubers zu sagen: »Er lauscht dem aus sich Werdenden, dem Weg des Wesens in der Welt; nicht um von ihm getragen zu werden: um es selber so zu verwirklichen, wie es von ihm, dessen es bedarf, verwirklicht werden will.« Die U-Methode ist fest verankert in der Prozessberatung als ihrer Mutterdisziplin.

2. Begib dich an die Ränder und praktiziere schöpferisches Zuhören und Dialog!

Verlasse deine vertraute Welt und begib dich zu den Rändern des Systems, praktiziere schöpferisches Zuhören und Dialog. Nimm Beziehung auf sowohl mit den sichtbaren Hauptakteuren als auch mit den weniger sichtbaren – z. B. Menschen aus marginalisierten Communities, die im gegenwärtigen System keine Stimme haben. Lass dich im weiteren Verlauf deiner Erkundungen vom Feld leiten. Folge den entstehenden Möglichkeiten. Folge dem Gefühl. Die wichtigsten Helfer, Partner und Ratgeber sind am Ende vielleicht anderere, als du erwartet hattest; deshalb muss deine innere Haltung offen bleiben für das Neue.

3. Kläre deine tiefere Intention und Kernfragen!

Mache den ersten Schritt mit der Klärung der tieferen Intention und den damit zusammenhängenden Kernfragen. Bei meiner Arbeit mit

Designern der Beratungsfirma IDEO war ich beeindruckt, wie viel Zeit sie im Vorfeld verbringen, bevor Sie mit einem Projekt anfangen. »Die Qualität des kreativen Gestaltungsprozesses«, erklärte mir ein Bereichsleiter von IDEO, »hängt von der Qualität der Problemdefinition ab, die den Ausgangspunkt bestimmt.«

4. Bilde eine diversitäre Kerngruppe um die gemeinsame Intention!

Bilde eine Kerngruppe von Akteuren, die einander brauchen, um handlungsfähig zu sein und um voranzukommen. Wichtig ist, dass es nicht um Marketing geht – also Menschen dazu zu bringen, dass sie dir deine Idee »abkaufen«. Das funktioniert fast nie, weil es einfach nur deine Idee ist. Die Kunst, verschiedene Akteure zusammenzubringen, besteht darin, die eigene Idee loszulassen – ohne sie notwendigerweise aufzugeben.Du führst, indem du ein Bild malst, das nur einige wesentliche Elemente beschreibt; du machst ein paar Pinselstriche und lässt viele Leerstellen, sodass das Ergebnis ein gemeinsam gemaltes Bild werden wird. Auf diese Weise verlagert sich die Machtdynamik von der individuellen zur gemeinsamen Eigentümerschaft und von der Eigentümerschaft zur Zugehörigkeit, bis alle Beteiligten in der Lage sind, ihren Anteil und ihre Verantwortung an dem größeren Gesamtbild zu sehen. Die Qualität des Ergebnisses deiner Initiative hängt von der Qualität der gemeinsamen Intention der Kerngruppe ab.

5. Bilde ein gemeinsames Gefäß, einen gemeinsamen Denk-Raum!

Die Qualität dieser gemeinsamen Intention hängt vor allem von der Qualität des Gefäßes ab, dem Raum (holding space), in dem das Beziehungsnetz gestaltet und weiterentwickelt wird. Ein wichtiger erster Schritt zur Herstellung eines schöpferischen Gefäßes liegt ganz am Anfang, wenn du **den Ton angibst**, wenn du das Feld aktivierst. Zur Bildung eines schöpferischen sozialen Gefäßes gehören äußere und innere Bedingungen, wobei die wichtigste Bedingung die ist, dass man den verschiedenen Stimmen und dem Ganzen gemeinsam zuhört. Das Beispiel des Circle of Seven, von dem weiter unten im Abschnitt über Presencing die Rede ist, bietet weitere Einzelheiten zu diesem Aspekt der Arbeit.

Praktiken

Nachstehend ein paar zentrale Übungen und Methoden, auf die ich in meiner Rolle als Veranstalter oder Moderator insbesondere während der Arbeitsphase des gemeinsamen Beginnens besonders achte.

Praktik 1

Beginne den Tag mit einer intentionalen Phase der Stille. Mithilfe bewusster Stille oder Achtsamkeit kann man alles Unwesentliche abstreifen und sich mit dem Ziel und der Intention verbinden, in deren Dienst du dich stellen möchtest. Diese Einstimmung gibt den Ton für den Tag an.

Praktik 2

Beende jeden Tag mit einer kurzen Beobachtungsphase, als ob du dich von außen anschauen würdest. Achte darauf, wie du mit anderen interagiert hast und welche Handlungen andere Menschen von dir erwartet haben. Tue das, ohne zu urteilen. Beobachte einfach nur. Mit der Zeit wirst du zum inneren Beobachtenden, sodass du dich aus dem Blickwinkel einer anderen Person betrachten kannst.

Praktik 3

Um schöpferisches Zuhören zu aktivieren, musst du die Person, der du zuhörst, lieben. Manchmal ist das nicht so leicht. Aktiviere in solchen Fällen deine allerhöchste Wertschätzung für diese Person und dein liebevolles Interesse an ihr (oder an einem Aspekt von ihr). Hier geht es um eine innere Einstellung, die wir willentlich aktivieren können. Wenn dir das nicht gelingt, dann beginne zumindest einmal damit, in deinem Herzen einen Willkommensort für diese andere Person einzurichten.

Praktik 4

Wenn du mit potenziellen Partnern einen gemeinsamen Anfang planst, solltest du immer Folgendes beachten:

- Kläre deine Intention, damit sie der Entwicklung des Ganzen dient.
- Vertraue der »Intelligenz deines Herzens«, wenn du dich mit anderen Menschen verbindest.

- Sei offen dafür, wie andere die gleiche Situation ganz anders beschreiben (unterschiedlichen Akteuren sind unterschiedliche Variablen wichtig).
- Baue mit potenziellen Partnern eine persönliche Beziehung auf, die sich auf deren Zukunftsmöglichkeit und nicht auf deren institutionelle Rolle oder Verantwortung bezieht.
- Wenn du eine Kerngruppe bildest, denke auch daran, Schlüsselfiguren und »verrückte« Aktivisten einzubeziehen – das heißt Menschen, die mit Leib und Seele daran hängen, dass die Sache funktioniert – und Menschen, die im gegenwärtigen System keine Stimme haben.
- Die physische Qualität des Raumes hat eine Wirkung: Lade an einen geeigneten Ort ein.

Während eines Schneesturms zur Welt gekommen

Im Dezember 2005 luden Katrin Käufer und ich eine kleine Gruppe von Praktikern, Forschern und Aktivisten ein, um anzufangen, eine Plattform für eine weltweite Schule zur Anwendung der sozialen Technologie (Presencing-in-Action-School) aufzubauen. Etwa fünfzehn Personen trafen sich also Anfang Dezember in Cambridge (Massachusetts). Wir beschlossen, die kurze Entfernung zwischen dem MIT und den Büros der Society for Organizational Learning am Charles River zu Fuß zurückzulegen, was einem meistens nicht länger als zehn Minuten dauernden Spaziergang entspricht. Aber an jenem Tag schneite es, und als wir unterwegs waren, wurden die Schneemassen immer größer und die Sicht immer schlechter. Kein einziges Auto fuhr an uns vorbei. Es war, als ob wir einsame Schauspieler in einem sibirischen Film in Zeitlupentempo wären. Der Schneesturm ermöglichte uns eine spontane Form der Gehmeditation. Dann wurde der Sturm noch heftiger, wir hörten Donner und sahen in der Nähe einschlagende Blitze. Es war das erste Mal, dass einer von uns überhaupt diese seltene Kombination erlebte: einen Schneesturm mit Blitz und Donner. Wir nahmen dies als eine Art Willkommensgruß von Mutter Natur. In dieser ersten Sitzung des gemeinsamen Beginnens wollten wir einen schöpferischen Raum für bewusstseinsbasierte Transformation schaffen, um die Bedingungen für eine tiefgreifende zivilisatorische Erneuerung zu schaffen. Das Treffen war persönlicher Art, voller Erwartungen, aber es führte nicht zu einem klaren und übergreifenden Plan. Doch es gab einen Ton an und setzte eine Intention.

2. Gemeinsam erspüren: Die Wirklichkeit von den Systemrändern her sehen

Nachdem eine Kerngruppe eine gemeinsame Intention gefunden hat, bilde im nächsten Schritt ein Team, um eine Vertiefungs- und Innovationsreise durch die Phasen des gemeinsamen Erspürens, des Presencing, der Erstellung von Prototypen und des Institutionalisierens anzutreten. *Kerngruppe* (zu der oft leitende Sponsoren gehören) und *Team* (das das Lab realisiert) überschneiden sich tendenziell. In kleinen Systemen könnte die Überschneidung 100 % betragen, aber in sehr komplexen Systemen ist sie geringer.

Im Wesentlichen soll uns das gemeinsame Erspüren aus unserer eigenen Blase herausholen. Unsere virtuellen Blasen (Echokammer sozialer Medien), unsere institutionellen Blasen (Echokammern der Organisation) und unsere eigenen Affinitätsblasen (die Art von Menschen, mit denen wir gerne zusammen sind) halten uns in der Welt des Herunterladens gefangen: Immer wieder die alte Leier. Im Kern geht es beim gemeinsamen Erspüren darum, in neue Kontexte einzutauchen, die für deine Situation wichtig und dir noch unvertraut sind.

Weshalb ist das wichtig? Der Kognitionswissenschaftler Francisco Varela erzählte mir die folgende Geschichte über ein Experiment mit Kätzchen. Neugeborene Katzen können erst nach einigen Tagen die Augen öffnen. Bei dem Experiment wurden neugeborene Kätzchen zu zweien, eins auf dem Rücken des anderen, zusammengebunden. Bei jedem Paar konnte sich nur das untere Tier bewegen. Das obere Kätzchen (das auf dem Rücken des anderen lag) erlebte die gleichen Bewegungen im Raum – musste aber keine Beinarbeit leisten, war der sich unten befindlichen Katze überlassen. Das Ergebnis des Experiments war, dass das untere Kätzchen ganz normal sehen lernte, während das beim oberen Tier nicht der Fall war. Die meisten der aufsitzenden Kätzchen blieben blind oder nur eingeschränkt sehfähig. Das Experiment zeigte (und Varelas Argument war), dass Wahrnehmung nicht etwas Passives ist, sondern mit dem ganzen Körper und allen unseren Sinnen aktiv realisiert wird.

Heute ähneln ein Großteil unseres institutionellen Lernens und viele unserer Innovationspraktiken dem oben liegenden Tier, das die Beinarbeit dem unten befindlichen Kätzchen überlässt. Wir lagern die Beinarbeit auf Berater, Fachleute und Ausbilder aus. Bei einfachen Problemen kann das in Ordnung sein. Doch wenn man ein wirklicher Pionier ist, will man die Beinarbeit, zu Lernreisen zu gehen etc., mit Sicherheit nicht an irgendwelche Berater auslagern. Man muss selbst dorthin gehen, weil genau durch diese Verbindungen die Saat der Zukunft in den Boden kommt.

Entscheidend ist, dass du in die Besonderheiten des Feldes eintauchst. Nur deine Kundschaft zu studieren reicht nicht aus. Du selbst musst dein Patient, Kunde oder marginalisiertes Mitglied eines Systems **werden**.

Unternehmensbeispiel: Während eines Innovationsprozesses, den ich für einen global operierenden Autohersteller moderiert habe, ging es um die Frage, wie sich die Selbstreparaturfunktionen von Autos verbessern lässt. Im Zeitraum von Monaten unternahm das Team unterschiedliche Lernreisen in Europa, Asien und den Vereinigten Staaten. Als ein Teil des Teams nach Boston kam, führte eine der Lernreisen das Team zu einem Experten für chinesische Medizin in Cambridge (Massachusetts). Die Teilnehmenden fragten ihn, wie die Fachleute für chinesische Medizin die Selbstheilungskräfte des menschlichen Körpers steigerten. Sie bekamen zur Antwort, dass der Körper in unterschiedlichen Bewusstseinszuständen unterschiedlich heile: im Wachzustand, im Traumzustand und im Zustand des Tiefschlafs. Als wir nach einigen Wochen zur Vertiefungsklausur wieder zusammenkamen, entwickelte eine der Untergruppen die Idee, einen Prototyp für das Auto im Traumzustand anzufertigen. Das Auto könnte die Nacht über Prozesse der Selbstanalyse und der Selbstreparatur durchlaufen, wie der Körper es während des Schlafens macht.

Am Ende des Workshops kamen die geschäftsführenden Sponsoren einen weiteren Tag lang hinzu, um sich die Ergebnisse anzuschauen. Sie hielten diese Initiative für eine der vielversprechendsten und entschieden, sie mit einem Prototyp weiterzuentwickeln. Heute sind diese Selbstanalyse- und Selbstreparaturfunktionen ein Merkmal vieler Autos (einschließlich der von dieser Firma gebauten Autos).

Patient-Arzt-Dialog: Vor einigen Jahren arbeitete ich in Deutschland mit einer Gruppe von Studierenden, die die Beziehung zwischen Patient und Arzt in ihrem Gesundheitssystem untersuchten. Während der Reflexionsphase, nachdem die Studierenden Interviews mit 130 Patienten und ihren Ärzten durchgeführt hatten, konnten wir vier Ebenen der Patient-Arzt-Beziehung (Abb. 12) identifizieren.

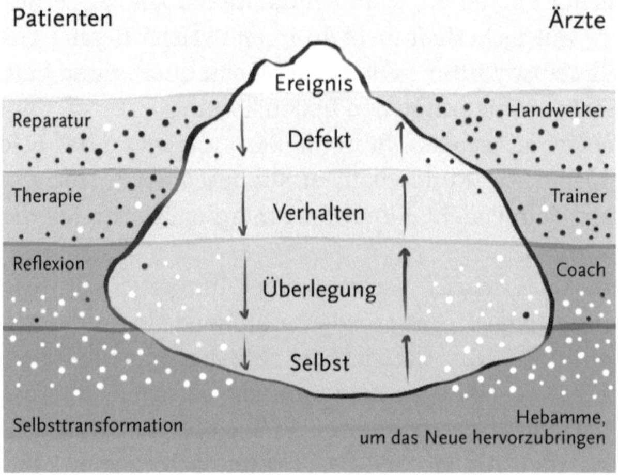

Abb. 12: Das Eisbergmodell der Patient-Arzt-Beziehungen

Wir luden die Patienten und Ärzte zu einer Feedbacktagung ein, in der wir ihnen die verschiedenen Beziehungsqualitäten, die sie beschrieben hatten, widerspiegelten. Für jede Beziehungsebene lasen wir ihnen eine Aussage vor. Dann baten wir sie, in Kleingruppen zu diskutieren, auf welcher Ebene sie sich selbst sahen. Jede teilnehmende Person klebte dann zwei Punkte auf die Zeichnung eines Eisbergs, der das Gesundheitssystem abbildete: Ein schwarzer Punkt markierte ihre eigenen Erfahrungen, ein weißer Punkt markierte ihre gewünschte Zukunft.

Über 95 % der Patienten und Ärzte hatten ihre schwarzen Punkte auf die Ebenen 1 oder 2 und ihre weißen Punkte auf die Ebenen 3 und 4 gesetzt. Ich fragte sie deshalb, was sie davon abgehalten habe, nach ihren eigenen Vorstellungen zu handeln. Ich wies darauf hin, dass schließlich »**Ihr** das System **seid**«. Das System seien nicht »die« in Berlin. Das System sei genau in dem Raum, das durch die Beziehungen zwischen ihnen geschaffen werde.

Man hätte das Fallen einer Stecknadel hören können. Nach der Stille entstand dann allmählich eine andere Art von Kommunikation. Die Versammelten begannen, tiefere Fragen zu stellen. »Warum«, fragte ein Teilnehmer, »erzeugen wir gemeinsam Ergebnisse, die niemand möchte?«

Nachdem die Ärzte offen über den von ihnen erlebten Druck und Frust gesprochen hatten, stand ein Mann auf und stellte sich als

Bürgermeister der Stadt vor. »In unserem Gesundheitswesen erleben wir genau das Gleiche wie in der Politik und in der Regierung. Wir handeln ständig auf den Ebenen 1 und 2. Wir reagieren nur noch auf Probleme und Krisen, wie wir es in der Vergangenheit immer gemacht haben. Wenn wir aber auf diesen beiden tieferen Ebenen handeln würden, könnten wir vielleicht etwas anderes bewirken.« Nachdem der Bürgermeister sich gesetzt hatte, entstand ein kurzes Schweigen.

Dann stand eine Frau am anderen Ende des Raumes auf und sagte: »Ich bin Lehrerin, und ich unterrichte an einer Schule hier in der Nähe, und wissen Sie was?« Sie machte eine Pause und schaute den Bürgermeister und die ganze Gruppe an. »Wir haben genau das gleiche Problem. In unseren Schulen handeln wir ausschließlich auf diesen ersten beiden Ebenen.« Sie zeigte auf die Tafel mit den weißen und schwarzen Punkten und fuhr fort: »Wir organisieren unsere Schule auf mechanische Methoden des Lernens hin. Wir konzentrieren uns darauf, die Vergangenheit auswendig zu lernen, alte Wissensbestände abzufragen, statt dass wir den Kindern beibringen, wie sie Zugang zu ihrer intellektuellen Neugier und ihrer Fähigkeit der Kreativität und Vorstellungskraft finden. Wir reagieren die ganze Zeit nur noch auf Krisen. Und wir schaffen es nie, unser Lernumfeld nach dort zu verlegen« – sie zeigte auf die Ebenen 3 und 4 des Eisbergmodells –, »wo unsere Schüler lernen könnten, wie sie ihre Zukunft gestalten müssen.«

Dann stand der Mann neben mir auf und sagte: »Ich bin Landwirt, und wir kämpfen mit genau dem gleichen Problem. In der traditionellen Landwirtschaft basteln wir heute nur noch mit den mechanischen Problemen auf den Ebenen 1 und 2 herum. Wir verwenden chemische Dünger, Pflanzenschutzmittel und alles erdenkliche Zeugs, was wir in die Erde werfen, als ob man einen toten Wissensbestand in die Köpfe Ihrer Schüler trommeln würde. Die ganze industrialisierte Art der Landwirtschaft konzentriert sich auf die Bekämpfung von Symptomen und Problemen mit den mechanischen Lösungen der Vergangenheit. Wir sehen unsere Höfe und unsere gesamte Erde nicht mehr als lebenden Organismus – als unseren gemeinsamen regenerativen Raum.«

Alle, die an jenem Morgen das Gespräch mitverfolgt hatten, fühlten eine tiefere Verbindung im Raum. Die Menschen kommunizierten nicht nur miteinander – sie dachten und fühlten auch miteinander. Sie sprachen langsamer, ihre Worte wurden durch die Stille zwischen den Beiträgen unterstrichen. Etwas hatte sie hinausgehoben über den üblichen Zustand, in dem Menschen als separate Individuen, als Insassen ihres eigenen Gehirns diskutieren.

Ergebnisse des gemeinsamen Erspürens

Was immer du in der Phase des gemeinsamen Erspürens auch machst, stelle sicher, dass du folgende Ergebnisse erzielst:

- eine überarbeitete Liste von treibenden Kräften (driving forces), die das zur Debatte stehende System verändern;
- eine überarbeitete Liste zentraler Fragen;
- einige Ideen zu Möglichkeiten und Chancen in Bezug auf jede dieser Fragen;
- eine Liste von Personen, zu denen persönliche Verbindungen bestehen und die im Hinblick auf diese Ideen weiterhelfen können;
- ein Kernteam, das sich darauf konzentriert, Ideen und Möglichkeiten nachzugehen;
- eine Zusammenfassung der systemischen Hindernisse, die das System auf seinem derzeitigen Kurs festhalten;
- eine gesteigerte Kompetenz, generativ zusammenzuarbeiten und vertrauensvolle Beziehungen zueinander aufzubauen.

Prinzipien

6. Bilde ein hochengagiertes Kernteam

Es ist wichtig, dass das Kernteam die Vielfalt der wichtigsten Stakeholder-Gruppen widerspiegelt, damit die benötigten Talente und Kompetenzen zusammenkommen und die Beteiligten dem Projekt für die Dauer des Prozesses (z. B. vier, sechs oder neun Monate) alleroberste Priorität einräumen.

Hier ist eine Checkliste für eine Auftaktveranstaltung, in der das Kernteam zum ersten Mal zusammenkommt. Um Fokussierung und Engagement zu erzeugen, solltest du klären:

- das Was – was ihr erreichen wollt;
- das Warum – warum das wichtig ist;
- das Wie – wie der Prozess funktioniert, der euch dorthin bringt;
- das Wer – wer welche Rollen und Verantwortung übernimmt;
- das Wann und Wo – die Landkarte dorthin.

Zum Auftakt gehören weitere Elemente wie etwa Teambildung; z. B. ein inspirierender Gast, der die Zukunft verkörpert und über eigene Erfahrungen und Ideen spricht; treibende Kräfte, zentrale Fragen und Lernreisen in überarbeiteter Fassung; sowie »Minitraining« für dialogische Interviews und Übungen des Erspürens.

7. Unternimm Lernreisen zu den Orten mit dem höchsten Potenzial

Durch Lernreisen stellen Menschen eine Verbindung mit den Kontexten und Ideen her, die für die Schaffung der möglichen Zukunft relevant sind. Die Vertiefungsreise verschiebt die eigene Handlungsperspektive vom Inneren einer vertrauten Welt – von der institutionellen Blase – zu einer unbekannten Außenwelt, die überraschend, frisch, verstörend, aufregend und neu ist. Eine Vertiefungsreise ist kein Benchmarking Trip. Sie ist so konzipiert, dass die Beteiligten Zugang zu einer tieferen Ebene einer entstehenden Wirklichkeit finden, indem sie in diese Bereiche komplett eintauchen können. Lernreisen sind eine Kombination aus Shadowing (mitlaufen und beobachten), Teilnahme und Dialog.

8. Beobachten, beobachten, beobachten: Halte die Stimme des Urteilens zurück und suche den inneren Ort des Staunens

Charles Darwin, der Vater der modernen Evolutionstheorie, hatte bekanntlich immer ein Notizbuch bei sich, damit er darin Beobachtungen und Daten festhalten konnte, die seinen Theorien und Erwartungen widersprachen. Er wusste wohl, dass das menschliche Gehirn gern »vergisst«, was nicht in seine vertrauten Bezugssysteme passt.

Als im Herbst 1989 die Berliner Mauer fiel, waren westliche Regierungen schnell mit der Behauptung dabei, dass das Ereignis unerwartet gewesen sei und kein Mensch eine derartige geopolitische Verschiebung habe voraussehen können. War das wirklich wahr? Nur zwei Wochen vorher waren Katrin Käufer und ich mit einer internationalen Studierendengruppe in Ost-Berlin, wo wir sowohl mit Vertretern des offiziellen Systems als auch mit Aktivisten von Bürgerrechtsbewegungen gesprochen hatten. In einem Gespräch mit Mitgliedern der Oppositionsbewegung hatte der Friedensforscher Johan Galtung eine öffentliche Wette angeboten, dass die Berliner Mauer bis Ende 1989 fallen würde. Kein einziges Mitglied der Oppositionsbewegung stimmte ihm zu. Auch wir, Galtungs Studenten, konnten keine Belege dafür erkennen, dass das osteuropäische sozialistische System zusammenbrechen würde. Wir dachten, Galtungs Vorhersage sei ein bisschen weit hergeholt. Sie war es aber nicht. Warum kam Galtung, der bei dieser Exkursion genau dieselben Leute gesprochen und Orte gesehen hatte wie wir alle, zu einer klaren Schlussfolgerung, während wir eine verschwommene Sichtweise des »auf der einen Seite, auf der anderen Seite« hatten?

Der eigentliche Unterschied lag nicht im Umfang seines Wissens, sondern in einer anderen Art des **Sehens**. Er hatte eine diszipliniertere Art der Aufmerksamkeit. Er konnte sein gewohnheitsmäßiges Urteilen zurückstellen und die Wirklichkeit vor ihm aufmerksamer betrachten.

Nur wenn wir unser Urteilen zurückstellen, können wir uns für neue Fakten öffnen. Erstaunen hat damit zu tun, dass wir die Welt jenseits des Herunterladens bemerken. Staunen und Wundern sind die Keime, aus denen der U-Prozess erwächst und die uns über das Gefängnis mentaler Konstruktionen oder früherer Erfahrungen hinausheben.

9. Die Praxis schöpferischen Zuhörens und Dialogs: Öffnung des Denken und des Herzens

Öffne alle vier »Kanäle« des Zuhörens und der Kommunikation: Höre auf Basis dessen zu, was du weißt, was dich überrascht, aus der Perspektive des Ganzen und was deinem Gespür nach im Entstehen begriffen ist (das sich entwickelnde Ganze).

Einmal fragte ich Eleanor Rosch von der Berkeley University: »Wie kann ich mich mit dem Ganzen in Verbindung bringen?« Sie antwortete: »**Mit dem Herzen.**« »Das Herz«, erklärte sie, »ist in jeder kontemplativen Tradition keine Emotionalität, sondern ein tief sitzender yogischer Mittelpunkt.« Beim schöpferischen Zuhören ist wesentlich, dass man seine Gefühle als Organe der Wahrnehmung benutzt. Und dann, wie Rosch sagt, sei es so, »dass sich die Wahrnehmung *vom Ganzen her* einstellt.«

10. Gemeinsame Wahrnehmung: Nutze Social Presencing Theater und andere Methoden feldbasierten Wissens

Um gemeinsam aus einer Lernreise etwas Sinnvolles zu ziehen, durchläuft man zwei Phasen. Phase eins ist dadurch bestimmt, dass alle gemeinsam die Erfahrungen und Stimmen aus dem Feld rückblickend angucken. Wenn wir beispielsweise Lernreisen nachbesprechen, bitten wir am Anfang die Beteiligten, aus ihren Gesprächen zentrale Aussagen zu zitieren, die wir dann an die Wand pinnen wie Kunstwerke in einer Galerie. Dann gehen wir still durch diese »Galerie«, reflektieren als Team gemeinsam und versuchen, die Themen mit anderen Beobachtungen zu verknüpfen.

Eine andere Methode ist »Stimmen aus dem Feld«. Wir stehen oder sitzen im Kreis und sprechen mit den authentischen Stimmen der Menschen, denen wir begegnet sind. Eine Person sagt vielleicht: »Ich habe ein Sozialunternehmen und eine sehr klare Vorstellung davon, kann sie anderen aber nicht gut vermitteln.« Diesen Prozess führen wir der Reihe nach durch. Wenn alle Stimmen gehört worden sind, beginnen die Teilnehmenden das, was sie beobachtet und gehört haben, schriftlich und individuell zu reflektieren; anschließend führen sie während eines Spaziergangs einen halbstündigen Dialog mit einem Partner, sprechen dabei über ihre Beobachtungen und Reflexionen und kehren danach zurück, um dann in der Gruppe wesentliche Themen zu kristallisieren und zu diskutieren.

Eine andere Methode ist, dass sich die Gruppe nach der Lernreise in einen Kreis setzt und gemeinsam das gesamte Stakeholder-System in diesem Kreis abbildet. Dann steht jemand spontan auf und nimmt eine dieser Stakeholder-Rollen ein und spricht mit der Stimme dieses Stakeholders. Diesen Prozess nennen wir »Kino der aktuellen Wirklichkeit«. Die einzigen Regeln sind die, dass man nicht in die eigene Rolle schlüpfen darf und alles, was man inszeniert, die konkrete Erfahrung widerspiegeln muss. Durch diesen Prozess lernst du, wie die anderen Personen deine Rolle sehen und erleben.

Welchen Prozess du auch wählst, um der Lernreise einen Sinn zu verleihen, am wichtigsten ist, dass ihr allen Stimmen und Manifestationen des Feldes disziplinierte Aufmerksamkeit schenkt. Disziplinierte Aufmerksamkeit schenken heißt, dass du bewusst alle Tendenzen meidest, deine eigenen Deutungen oder Lösungen hineinzuprojezieren. Du unterdrückst derlei Impulse, weil die Daten des »Feldes« zu dir sprechen sollen. Doch die Daten des Feldes können nicht zu dir sprechen, wenn dein Denken zu sehr damit beschäftigt ist, Meinungen zum Ausdruck zu bringen und Lösungen vorzubringen.

Während es in der ersten Phase darum geht, den unterschiedlichen Manifestationen des Feldes Aufmerksamkeit zu schenken, tritt in Phase zwei eine Veränderung ein. In der zweiten Phase geht es darum, das Feld (bzw. das gemeinsame Denken) sprechen zu lassen.

In der zweiten Phase können wir verschiedene Methoden und Instrumente verwenden, unter anderem Szenario-Denken, systemisches Denken und das World-Café. Das bei weitem Wichtigste ist jedoch das Social Presencing Theater. Social Presencing Theater wurde zusammen mit meiner Kollegin Arawana Hayashi entwickelt und wird von ihr geleitet. Es ist eine Methode, bei der Achtsamkeit, sozialwissenschaftliches Theater und Aufstellungsarbeit miteinander verschmelzen. Das Wort »Theater« kommt aus der griechischen Wortwurzel *theatron* und bedeutet wörtlich »Ort zum Zuschauen« oder »zum Betrachten«. Der Fokus des Social Presencing Theater liegt darauf, die Tiefenstrukturen des sozialen Feldes sichtbar zu machen – und zu zeigen, wie diese veränderbar sind.

Zwei Übungen sind in dieser zweiten Phase, in der es um eine gemeinsame Sinngebung geht, außerordentlich hilfreich: 3D-Kartierung (Verwendung von Objekten) und 4D-Kartierung (Social Presencing Theater). Diese Übungen werden im Folgenden beschrieben und sind auf edX.org und auf presencing.org mit Einführungsvideos kostenlos unter dem Online-Kurs *u.lab* wie auch auf der Website des Presencing Institute zu finden. Direkte Links findst du unter www.presencing.org.

Praktiken

Unsere Interaktionen und Kommunikation in Teams, Organisationen, aber auch in unserer Gesellschaft als Ganzes sind durch kollektive Mechanismen des Herunterladens bestimmt. Die ungenutzten Ressourcen einer gemeinsamen Kreativität erschließen heißt, diese Mechanismen des Herunterladens durchbrechen und Methoden des gemeinsamen Erspürens, des gemeinsamen Sehens und des Dialogs nutzen. Hier einige Übungen dazu:

Praktik 1

Nimm dir am Ende eines jeden Tages abends vier Minuten Zeit und stelle dir die Frage, wie du am Tag zugehört hast und welche Qualität dein Zuhören hatte. Wann und wie hast du empathisch zugehört (Denken und Herz aufgeschlossen), wie und wann hast du schöpferisch zugehört (Denken, Herz und Wille aufgeschlossen). Wenn du dich nicht an einen einzigen Moment schöpferischen Zuhörens erinnern kannst, notiere dir auch diese Tatsache. Wenn du diese Übung einen Monat lang durchführst, wird sich deine Fähigkeit als Zuhörer dramatisch steigern. Alles, was dafür nötig ist, ist, sich täglich die vier Minuten Zeit für diesen Rückblick zu nehmen. Suche dir, wenn möglich, zwei oder drei Personen aus dem Kollegenkreis, die diese Übung ebenfalls machen, und tausche dich mit ihnen aus. Wenn du diese Personen nicht in deinem lokalen Kontext finden kannst, besuche die Website www.presencing.org und verbinde dich mit dem *u.lab-* oder *u.lab-S*-Netzwerk. *u.lab* ist ein kostenloser Online-Kurs, durch den Menschen, die solcherlei Übungen durchführen möchten, miteinander in Verbindung kommen.

Nachstehend wird beschrieben, wie du die vier Ebenen des Zuhörens unterscheiden kannst:

- **Zuhören 1 – gewohnheitsmäßig:** Dein Zuhören geschieht auf Basis dessen, was du schon weißt, was dein innerer Kommentator daherredet, und nicht auf Basis dessen, was die Person direkt vor dir aktuell sagt, die du vor dir hast. Dein Fokus liegt darauf, das, was du schon weißt, noch einmal zu bestätigen.
- **Zuhören 2 – faktisch:** Dein Zuhören konzentriert sich auf die Person, die du vor dir hast. Dein innerer Kommentator verstummt. Du bemerkst den Unterschied. Dein Fokus liegt auf neuen, unerwarteten Daten. Du siehst etwas Neues.
- **Zuhören 3 – empathisch:** Dein Zuhören geschieht von der anderen Person her. Du siehst die Situation mit ihren Augen. Du benutzt dein Herz als Wahrnehmungsorgan, um zu erspüren, wie die andere Person fühlt, denkt und erlebt.
- **Zuhören 4 – schöpferisch:** Du hörst vom Ganzen her zu und hältst einen Raum, in dem etwas Neues entsteht. Die Zeit verlangsamt sich, und die Grenze zwischen dir und deinem Gegenüber löst sich auf. Etwas, was vorher noch nicht da war, beginnt geboren zu werden und in die Wirklichkeit zu kommen.

Praktik 2

Identifiziere Stakeholder, die für deine Frage wichtig sind, und führe mit ihnen ein dialogisches Interview durch, in dem du dich an ihre Stelle versetzt und von ihrem Blickwinkel aus auf deine eigene Rolle blickst. Lass vor jedem Interview einen Moment der Stille einkehren, und verbinde dich mit der Intention für das Gespräch. Hier beispielsweise vier Fragen, die wir in der Arbeit mit neu ernannten Direktoren eines Weltunternehmens verwenden, wenn diese mit ihren Stakeholdern kommunizieren, z. B. mit ihren Chefs, ihren Kunden, ihren Teams, ihrem Netzwerk:

1) Was sind Ihre wichtigsten Ziele und wie kann ich Ihnen helfen, diese zu verwirklichen? (Wofür brauchen Sie mich?)
2) Nach welchen Kriterien werden Sie beurteilen, ob mein Beitrag zu Ihrer Arbeit erfolgreich war?
3) Wenn ich im nächsten halben Jahr in meinem Zuständigkeitsbereich zwei Dinge ändern könnte, welche Veränderungen wären für Sie am wertvollsten und profitabelsten?
4) Welche systemischen Hindernisse – wenn es solche gibt – machen es für Personen in meiner Rolle oder Funktion schwierig, Ihren Anforderungen und Erwartungen zu genügen? Was steht uns im Weg?

Praktik 3

Lernreisen führen zu Orten der höchsten Möglichkeit. Stell dir folgende Frage: Von welchen Menschen und Orten könntest du über die Zukunft, die du gestalten willst, am meisten lernen? Wo könntest du mehr darüber lernen, wie sich eine solche Zukunft realisieren lässt? Praktisch gesehen ist eine Lernreise am effektivsten in kleinen Gruppen von bis zu fünf Personen (damit das gesamte Team in ein Auto passt). Wichtig ist es, direkt mit den Akteuren zu reden und vorgefertigte Präsentationsroutinen zu vermeiden. Praktiken, die ich auf Lernreisen verwende, sind Shadowing (einen Stakeholder durch einen Tag begleiten), dialogische Kommunikation und möglichst in Alltagsroutinen eintauchen. Wichtig ist es, die Vorbereitung und Nachbesprechung strukturiert und zur rechten Zeit durchzuführen. Jedes Teammitglied einer Vertiefungsreise führt ein Tagebuch und nutzt Online-Instrumente zur Echtzeitdokumentation und zur Kommunikation mit dem gesamten Team.

Vor jedem Etappenbesuch:

- Sammle wichtige Informationen über die Orte und Menschen, die du besuchen wirst.

- Kommuniziere deutlich, mit wem du sprechen willst, und über das Gesprächsformat.
- Bereite im Team einen Fragebogen vor (weiche aber auch ruhig davon ab).
- Führe ein Minitraining zum Thema schöpferisches Zuhören durch.
- Bereite ein Gastgeschenk als Dankeschön vor, und kläre Rollen (z. B. Sprecher, Timekeeper).

Nach jedem Etappenbesuch:

- Erst eine gemeinsame Reflexion und dann Smartphone (nicht umgekehrt).
- Plane genug Zeit für die Reflexion in der Gruppe ein.
- Fokussiere dich während dieser Reflexion darauf, was ihr gesehen und gespürt habt.

Hier ein paar Beispiele für Fragen, die dir vielleicht behilflich sein können:

1) Was ist mir aufgefallen?
2) Was hat mich überrascht?
3) Was hat mich berührt?
4) Was würde die besuchte Organisation fühlen, wenn sie ein Lebewesen wäre?
5) Was würde dieses Lebewesen jetzt (zu uns) sagen, wenn es sprechen könnte?
6) Was habe ich an mir selbst beobachtet, als ich mich in das Feld hinein und aus dem Feld heraus bewegt habe?
7) Was können wir von diesem Feld über unsere mögliche Zukunft lernen?
8) Welche anderen Ideen für unsere Initiative sind mir während dieser Lernreise gekommen?

Praktik 4

Hier wird ein als 4D-Kartierung bekannter Prozess benutzt, um die gegenwärtige Realität des Gesamtsystems einer Organisation abzubilden. Dieser Prozess erlaubt es, innerhalb von drei bis vier Stunden einen Mini-U-Prozess zu durchlaufen. Die Phasen dieser Methode werden zwar detailliert unter »Social Presencing Theater« (SPT) auf der Website www.presencing.org erklärt, aber der Kern der Methode soll hier kurz erwähnt werden:

- Bilde die aktuelle Wirklichkeit durch eine Aufstellung der betreffenden Personen in Form einer sozialen Skulptur (»Skulptur 1«) ab.
- Wandle diese Aufstellung bzw. Skulptur in eine reale Zukunftsmöglichkeit um (»Skulptur 2«).
- Reflektiere, was ihr im Schritt von Skulptur 1 zu Skulptur 2 gesehen, gespürt und gelernt habt.

Social Presencing Theater:
Geist-Materie-Reintegration im sozialen Feld

Arawana Hayashi betont manchmal, dass man beim Social Presencing Theater mit drei miteinander verbundenen Körpern arbeitet. Der erste ist der »große Körper«: der Planet Erde. Der zweite ist der »kleine Körper«: unser eigenes physisches Vehikel. Der dritte ist der »soziale Körper«, den wir gemeinsam in die Welt bringen.

Oft kommen wir in Teams, Organisationen oder auch als Gesellschaft gemeinsam zu Ergebnissen, die niemand will. Doch es ist schwierig, diese Kluft zwischen Wissen und Handeln zu schließen, weil uns etwas fehlt. Uns fehlt das, was Peter Senge die Essenz systemischen Denkens nennt: dass wir dem kollektiven Verhalten (das, was wir machen), dem Bewusstsein (das, was wir sehen) und der Intention (das, was wir sehen wollen) eine neue integrative Ausrichtung geben.

Unternehmensbeispiel: Während eines Workshops mit einem der weltgrößten Unternehmen, einer chinesischen Bank, bildeten die Teilnehmenden eine aus ihrer Sicht sehr harmonische Skulptur 2, d. h. einen Kreis, in dem alle nach innen schauten. Jeder konnte also jeden sehen. Als sie später über diese Skulptur reflektierten, bemerkte das Führungsteam mit Bestürzung seinen eigenen blinden Fleck: Niemand hatte der Außenwelt Beachtung geschenkt – das heißt den Bedürfnissen der realen Kunden und der lokalen Kommunen in allen, besonders den ländlichen Gegenden Chinas. Daraufhin entwickelte das Team fünf verschiedene Initiativen für Prototypen, die so konzipiert waren, dass jeder Prototyp diesen blinden Fleck in einen anderen Bereich transformierte.

In einem anderen Beispiel arbeitete ich kürzlich mit zwei Unternehmen zusammen, in denen die »Kundenorientierung« als zentraler Wert betrachtet wurde. Doch als diese Unternehmen ihre Situation in der Skulptur 1 abbildeten, stellten sie überrascht fest, dass ihre konkreten Praktiken kaum an ihrem Kundenkreis ausgerichtet waren. Nachdem sie diese Kluft zwischen Wissen und Handeln erkannt hatten, konnten sie in gemeinsamer Anstrengung ihre Organisation so verändern, dass die Kundenorientierung in der Alltagspraxis besser verankert wurde.

In allen diesen Fällen kommt es nicht auf das theoretische Wissen an. Wenn ich in diese Unternehmen gegangen wäre und ihnen mitgeteilt hätte: »Hier ist eure Skulptur 1, und das solltet ihr tun, um zu Skulptur 2 zu gelangen«, wäre der Effekt gleich Null gewesen. Denn so funktioniert Social Presencing Theater eben nicht. Meine Aufgabe war, die Methode, d. h. die Instrumente, in den Prozess einzubringen. Danach konnte das Team alleine weiterarbeiten. Die Mitglieder waren dann in der Lage, zusammen eine Erfahrung der gemeinsamen Sicht auf ihre Wirklichkeit zu machen. Diese Erfahrung bleibt. Die 4D-Kartierung (4D mapping) funktioniert wie eine 360-Grad-Durchleuchtung der systemischen Transformationssituation. Du gibst Menschen eine gemeinsame Sprache und hilfst ihnen, aus Fehlern zu lernen, bevor diese überhaupt begangen werden.

3. Presencing: Sich mit dem höchsten Zukunftspotenzial verbinden

Nachdem ihr durch die ersten Schritte auf unterschiedliche Weise in den jeweiligen Kontext des höchsten Zukunftspotenzials eingetaucht seid, geht es bei der nächsten Bewegung um eine Verbindung mit den tieferen Quellen von Wissen, von Kreativität, aber auch vom eigenen Selbst. Presencing – eine Kombination aus Erspüren und Anwesend-Werden-Lassen – bedeutet, von der Quelle seiner höchsten Zukunftsmöglichkeit her im Hier und Jetzt zu handeln.

In vielfacher Hinsicht ähnelt Presencing dem gemeinsamen Erspüren. Bei beiden Vorgängen wird der innere Ort des Handelns vom Kopf zum Herzen verlagert. Der eigentliche Unterschied ist der, dass beim Erspüren der Ort der Wahrnehmung auf das **gegenwärtige** Ganze verlagert wird, während Presencing den Ort der Wahrnehmung auf das **entstehende** zukünftige Ganze verschiebt.

Michael Ray hat an der Stanford Graduate School of Business einen legendären Kurs über Kreativität im Unternehmen entwickelt. Von Fast Company als »kreativster Mensch in Silicon Valley« tituliert, wurde er immer wieder von den Innovatoren erwähnt, die Joseph Jaworski und ich 1999 interviewten. Gegen Ende jenes Jahres empfing er uns in seinem Büro. Als wir ihn fragten: »Wie bringst du Menschen dazu, zu ihren wahren Quellen der Kreativität zu finden?«, antwortete Ray: »In allen meinen Programmen mache ich eigentlich grundsätzlich dasselbe. Ich schaffe ein Lernumfeld, in dem meine Teilnehmer die zwei Grundfragen der Kreativität stellen können: **Wer ist mein eigenes Selbst?** und **Was ist mein Ding?**«

Diese beiden Fragen hatten einen starken Nachklang. »Erkenne dich selbst« ist ein Thema in allen bedeutenden Weisheitstraditionen. Dieser Satz steht am Eingang des griechischen Tempels in Delphi. Im Studium der Lehren Gandhis lässt er sich finden. Als ich Master Nan 1999 interviewte, sprach er davon, dass es in der chinesischen Philosophie heißt: »Wenn du ein Leader werden willst, musst du erst mal ein wirklicher Mensch werden.« Er sprach auch von seiner Deutung von Konfuzius' Essay »Das Große Lernen«, die besagt, dass **»du deinen eigenen Öffnungsprozess kultivieren musst«, um ein wirklicher Leader zu werden.** Das gesamte Transkript des Interviews mit Master Nan »Entering the Seven Meditative Spaces of Leadership« (Eintritt in die sieben meditativen Räume der Führung) findet sich auf der Website des Presencing Institute www.presencing.org.

Presencing ist ein Prozess, in dem dein höheres Selbst zu einem Vehikel wird, durch das die im Entstehen begriffene Zukunft anwesend wird. Die Wurzel des Wortes »Presencing« **es* bedeutet »sein«. Die Wörter *essence* (Essenz), *presence* (Präsenz, Gegenwart) und *present* (*gift*, Geschenk) haben alle dieselbe indoeuropäische Wortwurzel. Eine alte indische Ableitung dieser Wurzel ist *sat*, was »Wahrheit« und »Güte« bedeutet. Dieser Begriff wurde im 20. Jahrhundert zu einer historischen Kraft, als Mahatma Gandhi mit ihm seine Vorstellung von *satyagraha* (eine Strategie, um mit gewaltlosen Mitteln zur Wahrheit zu gelangen) artikulierte. Eine altdeutsche Ableitung dieser Wurzel ist *sun* und bedeutet »diejenigen, die um uns herum sind« oder »die Wesen, die uns umgeben«. Presencing verbindet uns mit den uns umgebenden Wesen.

Die Presencing-Klausur

Die Presencing-Klausur bildet einen besonderen schöpferischen Raum, der nötig ist, wenn eine Gruppe den tiefsten Punkt im U-Prozess durchläuft. Es ist der Moment, in dem die gesamte Gruppe sich mit den tieferen Quellen ihrer kollektiven Kreativität verbinden kann. Die Klausur dauert vier bis fünf Tage und wird meistens folgendermaßen strukturiert: In der ersten Phase liegt der Fokus darauf, die bisherigen Erkundungen auszutauschen und zusammenzufassen sowie Themen aus der gesamten vorausgegangenen Arbeit des gemeinsamen Erspürens zu identifizieren. In der zweiten Phase gehen die Teilnehmenden in ein Solo in die Natur. Nach dem Solo folgt ein gemeinsames Gespräch, in dem die Teilnehmenden von ihren Erlebnissen berichten. Die Qualität dieses Kreis-Gesprächs wird oft als schöpferischer Dialog oder auch als sakrales Sharing beschrieben. In der dritten Phase liegt der Fokus darauf, dass Erkenntnisse verdichtet und Initiativen von Prototypen entwickelt werden.

Im Laufe der Jahre haben wir gelernt, dass dieser Prozess des Presencing erstaunlich zuverlässig zu tiefgreifenden Veränderungen und Erkenntnissen führt, sei es auf persönlicher Ebene oder auf die Gruppe, Organisation oder den Innovationsprozess bezogen. Am MIT habe ich diese Veränderung bei Hunderten von Studierenden gesehen; und in den Projekten und Programmen, die ich weltweit durchgeführt habe, konnte ich diese Veränderung bei vielen Tausenden von Teilnehmern und Teilnehmerinnen erleben. Überall sind die persönlichen Auswirkungen subtil, aber tiefgreifend. Doch echte institutionelle Auswirkungen gehen meistens auf eine intentionale und nachhaltige Intervention zurück und ergeben sich natürlich nicht einfach nur daraus, dass man Individuen in Klausuren schickt.

Die Initiativen zur Erstellung von Prototypen brauchen Zeit, bis sie Früchte tragen, aber wenn sie das tun, haben sie tendenziell tiefgreifende und nachhaltige Auswirkungen. Es ist fast so, als ob der Weg zum Grund des U ein co-kreatives soziales Feld aktiviert, das nach seiner Aktivierung weiterhin Kommunikation, Verbindungen, Handlungen und gemeinsame Denkweisen inspiriert.

Beispiel von einem global operierenden Autohersteller

In den letzten zwölf Jahren habe ich mit einem weltweit operierenden Autohersteller gearbeitet und regelmäßig ein Fünftageprogramm geleitet, in dem frisch beförderte Direktoren sich darauf vorbereiten, als Führungskräfte die Herausforderungen in einem von Umbrüchen gezeichneten Umfeld bewältigen zu lernen. Nachdem sie einzelne Teams geleitet haben, führen sie jetzt multiple Teams mit manchmal Tausenden oder Zehntausenden von Mitarbeitern in komplexen Multi-Stakeholder-Settings über Kontinente, Kulturen und Berichtsebenen hinweg. Wie konnte ich in einem Industriezweig behilflich sein, der gerade den Umbruch zu dringend benötigter nachhaltiger Mobilität durchläuft?

Ich begann dieses Programm damit, dass ich beobachtete. Mit einem Kollegen aus der unternehmensinternen Organisationsentwicklung verbrachte ich vier bis fünf Tage damit, die neuen Direktoren zu begleiten. Das erlaubte uns, uns in die Rolle und die Situation der neuen Direktoren zu versetzen, damit wir eine Vorstellung davon bekamen, wie einsam es sein kann, in eine neue Position ohne Netzwerk von Kollegen hineinzuwachsen.

Das Programm beginnt jeweils mit Einzelgesprächen mit jedem der neuen Direktoren, in denen wir über ihre Führungsbiografie und aktuellen Herausforderungen (gemeinsames Beginnen) sprechen. Dann wiederum führt vor Beginn des Workshops jeder der Teilnehmenden Dialoginterviews mit seinen fünf wichtigsten Stakeholdern durch.

Der Workshop findet in einem ruhigen Setting mit Zugang zur Natur und nicht allzu nah am Firmenhauptquartier statt. In den ersten beiden Tagen geht es um gemeinsames Erspüren. Die Teilnehmer tauschen sich über ihre persönlichen und beruflichen Kontexte aus und verbringen die meiste Zeit in Case Clinic Groups, in denen sie einen Prozess mit sieben definierten Schritten durchlaufen, der sie in etwa 70 Minuten durch das U führt. (Genauere Instruktionen für diesen Prozess finden sich auf der Website des Presencing Institute unter »Resources«.)

Dann folgt der Programmteil des Presencing (eineinhalb Tage) mit vier Übungen, mit deren Hilfe die Teilnehmer sich mit den zwei Grundfragen der Kreativität verbinden können: Was ist meine höchste Zukunftsmöglichkeit? Was ist meine Aufgabe? Um sich ohne Ablenkung mit diesen Fragen zu befassen, verbringen die Teilnehmenden einen halben Tag schweigend in der Natur.

Im dritten Programmteil erstellen die Teilnehmenden Prototypen. Mit Unterstützung unserer Kollegen von Olivier Mythodrama veranstalten wir Theaterübungen, damit die Teilnehmer ihre Intentionen mit einer authentischeren Präsenz (Co-Kreation) kommunizieren lernen.

Im letzten Programmteil geht es um die wechselseitige Unterstützung bei der Umsetzung neu entwickelter Intentionen in der Praxis, indem in Kleingruppen Kollegencoaching per Videoanruf (gemeinsames Gestalten) durchgeführt wird.

Die Intention jeglicher Presencing-Arbeit ist das Gegenteil einer betrieblichen Indoktrination und zielt darauf ab, das Spektrum von Handlungsmöglichkeiten der Teilnehmer zu erweitern statt einzuengen. Sie zielt auf die Stärkung der Quellen des eigenen Selbst ab in einer Welt, in der die Menschen sonst tendenziell verschlissen werden. Sie zielt darauf ab, den Menschen ihre Wahlmöglichkeiten und Wege – innerhalb und außerhalb eines Unternehmens – bewusst zu machen und ihnen zu zeigen, wie sie diese mit Neugier, Leidenschaft und Mut verfolgen können.

In der Folge spüren die neuen Direktoren oft, nachdem sie an ihren Arbeitsplatz zurückgekehrt sind, eine gewisse Distanz zwischen ihrem früheren Kontext (der sich nicht verändert hat) und sich selbst. Diese Distanz macht ihnen das Leben nicht leichter. Sie kann mitunter sogar eine Quelle des Schmerzes sein (weil sie jetzt die Muster des Herunterladens bemerken). Sie kann aber auch die Quelle eines erweiterten Bewusstseins und größerer Innovation sein.

Ergebnisse des Presencing-Workshops

Die Bewegungen des Presencing-Prozesses, in welcher Form sie auch stattfinden, sollten am Ende des Tages zu folgenden Ergebnisse führen:

1) Initiativen zur Erstellung von Prototypen;
2) Kernteams für jede Initiative, die einen Prototyp erarbeitet;
3) eine 3D-Map für jede Initiative, die einen Prototyp erarbeitet: aktuelle Wirklichkeit, zukünftiger Zustand, Hebelpunkte;
4) eine Liste von entscheidenden zu involvierenden Akteuren für jeden Prototyp;

5) Inspirationen und Energien im Team;
6) einen Ort und eine geeignete Infrastruktur für den Weg in die Zukunft;
7) eine Liste potenzieller weiterer Teammitglieder, die einzubeziehen sind;
8) Meilensteine, um den Fortschritt zu überprüfen und zu lernen;
9) ein sich abzeichnendes Narrativ der Führungsarbeit: die Geschichte von uns, die Geschichte von mir und die Geschichte der jetzigen Situation (diese letztgenannte Formulierung geht zurück auf Marshall Ganz von der Harvard Kennedy School).

Prinzipien

11. Circle: Energetisches Aufladen des Feldes

Transformation und Innovation passieren an bestimmten Orten, und ein solcher Ort muss bewusst gestaltet werden. Eine der besten Moderatorinnen, die ich kenne, ist Beth Jandernoa. Sie zeichnet sich dadurch aus, dass sie vor einer Gruppe steht, scheinbar überhaupt nichts macht und im nächsten Augenblick mit dem gesamten Raum eine Verbindung von Herz zu Herz hergestellt hat. Als ich sie fragte, wie ihr das gelinge, sagte sie: »Das ist wirklich sehr einfach. Bevor ich vor eine Gruppe trete, und das mache ich seit über 30 Jahren so, öffne ich mein Herz und schicke allen Personen im Raum ganz bewusst bedingungslose Liebe. Dadurch wird ein Feld oder eine Umgebung der Liebe geschaffen.« Sie schreibt einen Großteil ihrer Fähigkeit, gegenwärtig zu sein, einem Kreis von befreundeten Frauen zu, dem Circle of Seven.

Ich fragte Beth Jandernoa, ob ich den Circle of Seven interviewen dürfe, und wurde eingeladen. Ich erfuhr, dass die Frauen sich 1995 zum ersten Mal getroffen hatten, und zwar mit der Idee, ein Programm für Frauen zu entwickeln, die in ihrem beruflichen und persönlichen Leben gerade Veränderungen erlebten. Doch egal, wie sehr sie sich auch bemüht hätten, für andere Frauen ein hilfreiches Programm zu entwickeln, seien sie immer wieder auf ihr eigenes Leben zurückgekommen. Später entwickelte der Circle of Seven tatsächlich Programme für angehende Führungskräfte, in denen diese von ihren eigenen Erfahrungen profitieren konnten.

Ich wollte verstehen, wie die praktische Arbeit im Circle of Seven funktionierte: »Wir entdecken immer wieder gemeinsam, wie wir beginnen sollen«, antwortete Barbara. »Schau beispielsweise, was wir am Anfang dieses Gesprächs gemacht haben«, erklärte Glennifer. »Wir haben eine Kerze angezündet, eine tibetische Schale erklingen lassen und sind gemeinsam in Schweigen verfallen.« Während sie schweigen, könnten sie innerlich unterschiedliche Dinge tun, erklärte sie. Manche hörten auf das Innere; manche hörten auf die Stille. »Unsere Übung soll uns stärker miteinander in das Feld hinabsenken. Dann versetzen wir uns in eine intensive Prüfung und lassen uns die Zeit, die wir brauchen, um voll entfalten zu können, womit jede von uns in ihrem Leben gerade beschäftigt ist. Dies füllt unseren Raum mehr und mehr aus.«

Als ich diese Äußerungen hörte, wurde mir klar, dass das, was die Frauen als »den Raum ausfüllen« beschrieben, etwas ganz anderes ist als der übliche Auftakt einer Tagung. Meistens beginnen Tagungen mit einer Präsentation oder einer festgelegten Tagesordnung. Im Gegensatz dazu begann der Circle of Seven mit dem Element des »Herzens«, d. h. mit einem Ton und Wärmeelement, das aus dem Inneren kommt.

12. Loslassen: Die Anwesenheit des Circle-Wesens

Das größte Hindernis auf dem Weg durch den Grund des U kommt von innen: Es entsteht aus unserem Widerstand, dem Festhalten an den Formen der Vergangenheit. Wenn du auf dem U links hinabgehst, solltest du deine Stimme des Urteilens, deine Stimme des Zynismus und deine Stimme der Angst zurückhalten. Die Beschäftigung mit diesen drei Formen des Widerstands verlangt, dass man Erkundung, Mitgefühl und Mut kultiviert. Genau das halten Francisco Varela, Eleanor Rosch und Brian Arthur für ein zentrales Element dieses Weges. »Alles, was nicht essetiell ist, muss weg«, erzählte uns Brian Arthur, als er beschrieb, wie er das Überschreiten dieser Schwelle erlebt hat.

Zwei wichtige Elemente müssen zusammenkommen, damit das schöpferische Feld aktiviert wird. Das erste hat mit dem **Gefäß** zu tun und damit, es in Resonanz zu bringen, und zwar mit bedingungsloser Liebe und dem Zuhören ohne Urteilen und ohne Zynismus. Das zweite hat mit Mut, Verletzbarkeit, **Loslassen** zu tun.

Im weiteren Verlauf des Gesprächs mit dem Circle of Seven sagte Glennifer: »Auf andere trifft es vielleicht nicht zu, aber mir fällt es so schwer, meine persönliche Grenze aufzugeben und mich entspannt auf den Circle einzulassen. Es braucht sehr viel innere Arbeit und Loslassen, damit mir das gelingt. Jede von uns hat eine andere Weise, wie wir uns auf die Gemeinschaft einlassen. Jedes Mal müssen wir dabei eine Schwelle überschreiten.«

Ich fragte Glennifer, wie es war, die Schwelle zu überschreiten. Sie antwortete: »Das Überschreiten dieser Grenze ist so, wie ich mir das Sterbenmüssen vorstelle. Wer werde ich sein? Weil ich das nicht weiß, weiß ich nicht, wie ich mich schützen soll.« Ich wollte wissen: »Was geschieht als Nächstes?« Glennifer sagte: »Dann gehe ich meistens über die Grenze. Wenn ich dann immer weitergehe, ist es eine solche Erleichterung, den Schritt getan zu haben. Ich fühle mich freier. Irgendwie wusste ich vorher nicht, dass ich mich freier fühlen würde, obwohl ich das vorher schon gemacht habe.«

»Wenn alle das dann gemacht haben«, fuhr sie fort, »haben wir eine neue Qualität, eine neue Gegenwart der Gemeinschaft. Wir haben ein neues Sein – die Gegenwart des Circle-Wesens. Meine Erfahrung ist, dass ich das Circle-Wesen erst erlebe, wenn ich die Grenze überschritten habe. Danach ist das Sein jenseits von mir als Individuum. Ich bin als Individuum nicht mehr so wichtig. Doch seltsamerweise bin ich zugleich mehr als nur ein Individuum.«

»Was aus meiner Sicht geschah, war, dass du ein Wagnis eingegangen bist«, sagte ein anderes Mitglied des Circle of Seven. »Es muss ein Wagnis damit verbunden sein, damit die Gemeinschaft sich zeigen kann. Das Wagnis kann das einer Person, von zwei Personen oder von uns allen sein, aber es muss eine Art Wagnis oder Verletzbarkeit mit dem Überschreiten der Schwelle verbunden sein, von dem du sprichst. Ich spürte, wie sich der Raum veränderte. Vielleicht weil du ein Wagnis eingegangen bist, hat sich der Raum für uns verändert.« Das Transkript des Interviews mit dem Circle of Seven ist in voller Länge auf der Website des Presencing Institute (www.presencing.org) zu finden.

13. Intentionale Stille: Suche Praktiken, die dich mit deinen Quellen verbinden

Die Währung, die auf dem Grund des U zählt, ist nicht die von Ideen, Worten oder Erkenntnissen. Hier musst du eine andere Währung wählen: **Praktiken**. Praktiken (practices) sind Handlungen, die wir Tag für Tag vollziehen. Bei diesem Prinzip geht es deshalb darum, eine persönliche Praktik zu wählen, mit deren Hilfe du dich mit dem

Nachklang verbinden kannst. Es gibt dazu viele Übungen (einige Beispiele sind nachstehend aufgeführt), du musst nur deine eigenen finden und entsprechend modifizieren.

14. Folge deinem Weg: Tue, was du liebst und was du willst

Michael Ray von der Stanford University rahmt dieses Prinzip so: »Tue, was du liebst, liebe, was du tust.« Sein Motto erfasst das, was ich schon von vielen erfolgreichen Entwicklern und Innovatoren gehört habe: Um deine höchste Kreativität abrufen zu können, musst du dich auf einen Weg begeben – einen Weg, auf dem du deinem Glück, Gefühl und Gespür folgst. Du musst diesem inneren Gespür mehr vertrauen als allen guten Ratschlägen, die du von anderen Menschen bekommst und die natürlich auch durchaus wertvoll sein können.

Auch wenn wir Jobs haben, deren Inhalt wir zum Teil nicht wirklich kontrollieren können, ist es eigentlich immer möglich, dass man zumindest ein oder zwei Projekte hat, die eine solche Qualität des Herzens aufweisen. Wenn das gelingt, wird eine tiefere Kreativität in uns aktiviert, die dann auch in unser übriges Berufs- und Privatleben hineinzustrahlen beginnt.

Auf den Punkt gebracht: Wann immer du wichtige Entscheidungen triffst, solltest du niemals die innere Stimme des Herzens unterschätzen. Sie ist eine Qualität des Fühlens, die wir aktivieren können. Wann immer ich ihr an wichtigen Weggabelungen gefolgt bin, hat sie mir stets den richtigen Weg gezeigt.

15. Kommen lassen: Anwesende-Werden-lassen der entstehenden Zukunft

Im Kern geht es beim U-Prozess darum, sich vom kleinen Willen – »ich zuerst« – zum »großen Willen« (Buber), d. h. vom Egosystem-Bewusstsein zum Ökosystem-Bewusstsein zu bewegen.

Wir erleben diese Arten von subtilen Veränderungen immer wieder in unserer Arbeit mit Führungskräften, nachdem sie sich mit der Intelligenz ihres sozialen Feldes beschäftigt haben. Bei Presencing-Bewegungen nutzen wir meistens sehr unterschiedliche Werkzeuge und Praktiken. Genauso, wie jeder Mensch eine eigene Lernmethode hat, so wirkt auch jede Übung bei jedem Menschen anders. Folglich liegt der Schlüssel zum tieferen Territorium darin, unterschiedliche Wege anzubieten und praktisch zu machen.

Praktiken

Praktik 1: Übung am Morgen

Versuche, bewusst in den Tag zu gehen, indem du dein Smartphone zunächst mal einfach liegen lässt. Viele von uns haben das Smartphone neben dem Bett liegen und lesen Mitteilungen und E-Mails wahrscheinlich kurz vor dem Einschlafen und sofort nach dem Aufwachen. Das ist das Schlechteste, was man tun kann, weil es uns augenblicklich von der subtilen Resonanz und dem Nachklang der Nacht abtrennt. Wir sollten an diesen Nachklang aktiv anknüpfen und verweilen.

Nachstehend findest du eine Übung am Morgen (10– 30 Minuten):

- Stehe früh auf (vor den anderen Personen in deinem Haushalt), begib dich an einen Ort der Stille, der dir zusagt (ein Ort in der Natur ist großartig, aber vielleicht findest du auch andere für dich geeignete Orte), und lasse dein inneres Wissen an die Oberfläche kommen.
- Vollziehe ein kleines Ritual, das dir hilft, dich mit deiner Quelle zu verbinden. Meditation, ein Gebet oder intentionale Stille können eine solches Ritual sein, das du mit offenem Herzen und offenem Denken vollziehst.
- Richte die Aufmerksamkeit auf den jetzigen Moment: Was hat dich hierher geführt? Wer ist dein Selbst? Was ist dein Ding? Welchen übergeordneten Zielen dienst du mit deiner Arbeit?
- Welche Intention bringst du in diesen Tag?
- Bitte um Hilfe, damit du nicht von deinem Weg abkommen magst.

Unabhängig vom Beruf sind die meisten von uns nach dieser halben oder ganzen Stunde des Tages mit derselben Situation konfrontiert: Chaos und Disruption springen uns unmittelbar ins Gesicht. Das gehört zum Leben in diesem Jahrhundert dazu. Die Frage ist, wie wir damit umgehen. In Panik ausbrechen? Reaktiv reagieren? In die Defensive gehen? Oder kannst du diesen Herausforderungen von einem inneren Ort aus begegnen, der in der entstehenden Zukunft gegründet ist, die du in die Welt bringen willst?

Praktik 2: Schöpferischer Raum

»Wenn wir im Circle so etwas wie eine Hauptpraxis haben«, erklärte Anne, ein anderes Mitglied des Circle of Seven, »hat sie mit Gefäßbildung zu tun.« Die Frauen des Circle nannten drei Bedingungen des Hörens bzw. Zuhörens, unter denen ein schöpferischer Raum, d. h. ein soziales Gefäß, entstehen kann.

Die erste Bedingung bezeichnen sie als **»bedingungsloses Halten«**. Anne sagte dazu: »Die Qualität des Haltens oder Schützens, von der wir hier sprechen, ist im Circle die Identifikation mit der Quelle. So etwas wie: Die Augen, mit denen man sieht, das Herz, mit dem man fühlt, die Ohren, mit denen man hört, sind nicht personenbezogen. Also wird nichts in die Situation hineininterpretiert, sondern einfach offen zugehört. Es gibt keinen anderen Zweck, als unvoreingenommen dem zuzuhören und sich dem zu öffnen, was das Leben in dem Moment geschehen lassen will. Da ist eine Sensibilität ohne Manipulation. Ein Geist des Nichturteilens und der Segnung.«

Die zweite Bedingung ist **»bedingungslose Liebe«**. »Im Raum bewegt sich das Energiezentrum vom Kopf zum Herzen, weil die Öffnung meistens dann eintritt, wenn sich das Herz einer Person wirklich öffnet, und auf jeden Fall dann, wenn das Feld kenntlich gemacht ist. Das Energiefeld muss absacken. Die Segnung kommt mit der nichtpersonenbezogenen Liebe«, erklärte Anne.

Die dritte Bedingung ist die **»Erkenntnis des eigentlichen Selbst«**. Barbara sagte dazu: »Ich schaue durch diese Wunde hindurch auf die Wahrheit. Genau dahin lege ich mein Bewusstsein, das die Arbeit verrichtet. Es ist die Disziplin der Aufmerksamkeit, die damit zu tun hat, wie ich die Menschen sehe, die von den anderen im Circle beschrieben werden.« Leslie fügte hinzu: »Um das eigentliche Selbst zu sehen, haben wir eine Abmachung, die wir als Klausel des Nicht-Vermasselns bezeichnen. Egal, was eine von uns macht, sie kann nichts vermasseln, solange die anderen betroffen sind. Also liegt die Intention auf dem eigentlichen Selbst. Wir sind alle davon überzeugt, dass es einer der großartigsten Dienste am Menschen ist, dass er sein eigentliches Selbst erkennen kann – dass irgendwie, wenn ich es erkenne, die anderen sich selbst besser erfahren können.«

»Das könnte meine eigene Interpretation sein«, sagte Glennifer, »aber ich erlebe die Arbeit im Circle so, dass ich die Arbeit mache, und dabei werde ich von den anderen im Circle begleitet und unterstützt. Ich erlebe dann eine Dichte in der Atmosphäre – eine befähigende Gegenwart –, die es mir erlaubt, tiefer zu gehen, als wenn, sagen wir, nur Beth und ich zusammenarbeiten. [...] Ich sehe mehr. Ich sehe mehr von mir selbst. Ich sehe mehr von dem, mit dem ich arbeite. Nun weiß ich nicht, ob das der Fähigkeit in der Gruppe zuzuschreiben ist oder ob es auf die Qualität der Aufmerksamkeit zurückgeht oder eine Kombination von beidem ist. Ich erlebe es aber so, dass ich mehr sehe; ich erfahre mich selbst mehr.«

»Ich fühle mich als Person größer. Ich fühle mich in meinem Sein erfüllter«, fügte Glennifer hinzu. »Und ich fühle mich auf bestimmte Weise gestärkt und befähigt. Ich fühle mich wahrgenommen. Ich spüre, dass der Fokus der Aufmerksamkeit stimmt; dass sie Qualität hat, nichturteilend und voller Liebe ist. Und ich spüre die Gegenwart des Circle-Wesens, das etwas anderes ist als nur die Summe der Individuen.«

Die Schatten von Berlin transformieren

Presencing-Momente treten nach ihrem eigenen Zeitplan ein, nicht unbedingt nach unserem. Das mussten wir in unserem am Presencing Institute durchgeführten Programm erfahren. Zum letzten Modul dieses zweijährigen Programms kamen 72 Teilnehmer aus 19 Ländern nach Berlin. Meine Kollegin Dayna Cunningham erinnert sich an einen tiefgreifenden Moment der Transformation.

»In unserer Gruppe gab es eine Reihe von Menschen mit jüdischem Hintergrund, die durch den Holocaust Angehörige verloren hatten«, erinnert sich Dayna Cunningham, »während andere einen deutschen Hintergrund hatten. Durch die Woche in Berlin, wo wir unter anderem gemeinsam das Holocaust-Mahnmal besucht hatten, wurden bei vielen schmerzliche, aber auch sehr wichtige Erinnerungen ausgelöst.

Am folgenden Tag klärte sich alles. Unsere gesamte Gruppe erlebte eine profunde Vertiefung des Feldes, wodurch es möglich wurde, dass Juden, Deutsche, Amerikaner, Asiaten, Afrikaner, Lateinamerikaner und Australier untereinander und mit sich selbst auf einer tieferen, freimütigeren, verletzlicheren und fundamentaleren Ebene in Verbindung traten, als irgendjemand von uns es je zuvor in so einer Gruppe erlebt hatte.

Otto eröffnete das Gespräch, indem er uns zu dem Erlebnis, in Berlin zu sein, zurückführte. Für ihn war das eine emotionale Sache, und dank seiner Bereitschaft, sich ungeschützt und verletzlich zu zeigen, öffnete sich ein Spalt. Plötzlich erzählten viele Menschen ihre persönliche Geschichte. Eine davon berührte mich ganz besonders. Gail Jacob, eine amerikanische Jüdin, sprach von ihrer Mutter, die ein Konzentrationslager überlebt und unbeschreiblich Schreckliches durchgemacht hatte. Doch das Einzige, was sie ihren Kindern später erzählt hatte, war ihre Erinnerung an die Deutschen, die nach der Befreiung auf den Straßen außerhalb des Lagers gestanden und geweint hatten. Es nahm mir den Atem, dass sie sich entschieden hatte, die Menschlichkeit eines Volkes hervorzuheben, dessen Land solche Gräueltaten gegen sie verübt hatte.

Während das Erzählen persönlicher Erlebnisse seinen Fortgang nahm, wurde das Zuhören im Raum immer intensiver, und ein unglaublicher Austausch kam in Gang – ein Umschwung des Feldes, der es jedem von uns ermöglichte, seinen Lebensweg aus einem anderen, kollektiven Blickwinkel zu betrachten. Es gab ein Flow-Erlebnis, man sprach aus der Fülle des Herzens, aus der Perspektive des Nicht-Wissens, sprach von dem, was einen bewegte und durch einen hindurchging – und durch uns alle. Viele der Erzählungen handelten von intensivem persönlichem Leid, doch in diesem Raum, gehalten vom kollektiven Zuhören, verwandelten sie sich in machtvolle Momente des Heilens.«

Einer der jüdischen Teilnehmer, Yishai Yuval aus Israel, erinnerte sich an die Situation so: [Zu Beginn des Gesprächs] »standen die Teilnehmer auf und sprachen über eine Stunde lang über Leiderfahrungen, Grausamkeit und die Notwendigkeit des Erinnerns. Ich sah mich nach meinen jüdischen Bekannten um, in der Erwartung, dass sie sich an dem Gespräch beteiligten. Anfänglich tat dies aber keiner von ihnen. Ich hatte das Gefühl, dass eine derartige Diskussion nicht stattfinden darf, wenn die Stimme der Opfer fehlt. Deshalb hob ich, ganz gegen meine Gewohnheit, die Hand und verlangte ein Mikrofon. Die zehn Schritte aus der Ecke, in der ich gesessen hatte, bis in den von der Gruppe gebildeten Kreis waren sehr lang. [...]

Was dann geschah, war für mich ein Meilenstein. Um mich herum verlangsamte sich alles. Ich brauchte nicht mit Wörtern und Sätzen zu kämpfen. Sie tauchten einfach nacheinander in der richtigen Reihenfolge auf. Ich spürte, dass die Gesichter um mich herum zuhörten, sie strahlten dabei tiefes Mitgefühl, tiefes Verständnis und Liebe aus. Dadurch fiel es mir leichter, vor der Gruppe davon zu sprechen, dass die Opfer des Holocaust sich vor ihrer Ausrottung Tag für

Tag bemühten, mitten in den sie umgebenden Schrecken ihre Würde als Menschen zu bewahren.

Doch viele von ihnen merkten, dass Menschlichkeit und Liebe sie nicht retten konnten, und zogen den Schluss daraus, dass Zorn, Aggressivität und sogar Hass im täglichen Kampf ums Überleben vielleicht besser wären. Mit diesem Erbe wurde ich, als Israeli, geboren. Das Einzige, auf das man sich verlassen kann, ist, stark zu sein und misstrauisch zu bleiben. Ich war ein stolzer Soldat, ausgebildet, um wenn nötig zu töten, ich konnte mich glücklich schätzen, dass ich meine eigene Familie und mein Volk schützen konnte, dass ich nicht hilflos war, nicht brutalen Mördern ausgeliefert wie damals die Eltern und die Schwester meiner Mutter. Doch die Zeit bleibt nicht stehen, und plötzlich haben wir, die Israelis, Macht über andere Menschen, sind gezwungen, uns mit unangenehmen Fragen auseinanderzusetzen: Sind wir stark genug, keine Gewalt auszuüben und trotzdem in Sicherheit zu leben? Ist die Zeit gekommen, Misstrauen und Hass abzulegen, unsere Herzen zu öffnen und unseren Feinden wahren Frieden anzubieten?«

Yishai Yuval fuhr fort: »Während ich sprach, blickte ich mich im Kreis um; ich hatte das Gefühl, dazuzugehören und mit dem Ganzen in Verbindung zu stehen. Das tief empfundene Zuhören und Mitfühlen umgab mich noch lange, nachdem ich wieder aus dem Kreis herausgetreten war. Kurz darauf erhob sich eine junge amerikanische Jüdin in der gegenüberliegenden Ecke der großen Halle und bat darum, ein Lied singen zu dürfen, das eine tapfere junge Jüdin geschrieben hatte, die Palästina 1944 verlassen und mit dem Fallschirm an einem Rettungseinsatz in Ungarn teilgenommen hatte, doch von den Nazis gefangen, gefoltert und getötet worden war.

Als ich den gefühlvollen Gesang der weichen Stimme hörte, konnte ich nicht anders – ich stand auch auf und stimmte vom anderen Ende der Halle her mit ein. Jedes Mal, wenn ich dieses Leid seitdem gehört habe, habe ich innerlich zu zittern begonnen. Es berührt mich an einer unbekannten Stelle, auf eine Weise, von der ich vorher nichts wusste. Ich werde diesen kostbaren Moment der Verbundenheit mit der wunderbaren jungen Frau wie auch mit der ganzen Gruppe niemals vergessen.«

Kurz darauf stand Tho Ha Vinh aus Vietnam und Bhutan auf und las ein Gedicht von Thich Nhat Hanh vor. »Das Gedicht heißt ›Nenne mich bei meinem wahren Namen‹«, sagte Tho und holte ein Heft aus seiner Tasche, das ihm dazu diente, dieses Gedicht immer bei sich zu haben. Tho begann zu lesen:

> Sag nicht, dass ich morgen fortgehe –
> denn ich komme doch heute gerade erst an.
> …
> Ich bin der Frosch, der vergnüglich
> im klaren Wasser eines Teiches schwimmt.
> Und ich bin die Ringelnatter, die in der Stille
> den Frosch verspeist.
>
> Ich bin das Kind aus Uganda, nur Haut und Knochen,
> mit Beinchen so dünn wie Bambusstöcke.
> und ich bin der Waffenhändler,
> der todbringende Waffen
> nach Uganda verkauft.
>
> Ich bin das zwölfjährige Mädchen,
> Flüchtling in einem kleinen Boot,
> das von Piraten vergewaltigt wurde
> und nur noch den Tod im Ozean sucht;
> und ich bin auch der Pirat,
> mein Herz ist noch nicht fähig, zu erkennen und zu lieben.
> …
> Bitte, nenne mich bei meinem wahren Namen,
> damit ich erwache,
> damit das Tor meines Herzens
> von nun an offensteht,
> das Tor des Mitgefühls.
>
> (Thich Nhat Hanh 1998, S. 91 f.)

Stille. Tho setzte sich. Wir alle spürten, dass sich die Mauern zwischen uns in Nichts aufgelöst hatten. Die Zeit hatte sich verlangsamt und unser Erleben dieses Augenblicks über das Fassbare hinaus intensiviert. Wir fingen an, die Situation aus allen Blickwinkeln gleichzeitig zu erleben. Ich bin das Mädchen. Der Pirat. Ich bin ich in dir. Du bist in mir. Ich bin im Wir. Das Wir ist in mir.

»Was mich am tiefsten beeindruckte«, erinnert sich Dayna Cunningham, »war das Ausmaß der Verbundenheit und des Mitgefühls, das die Menschen für andere ausdrückten, die ihre Todfeinde gewesen waren oder ihnen Gewalt angetan hatten: die Soldaten, Überlebende von Rassismus und sozialer Exklusion, die jüdischen Nachkommen von Holocaust-Überlebenden und die jungen Deutschen.« Gail Jacob, eine andere jüdische Amerikanerin aus unserer Gruppe, fügte hinzu: »Ich bin 63 Jahre alt. Mein ganzes Leben als Jüdin habe ich gedacht, ich sei allein auf dieser Welt, und falls mir oder meinem Volk irgendetwas passieren sollte, würde niemand zur Hilfe kommen. Jetzt, in diesem Raum in Berlin, verstehe ich, dass ich nicht allein bin.«

Nie zuvor hatte ich auf kollektiver Ebene solch eine tiefgreifende Transformation erlebt. Ich hatte das Gefühl, dass viele der langen, dunklen Schatten der kollektiven Vergangenheit endlich an die Oberfläche kamen, um erlöst und in Energie und Licht umgewandelt zu werden. Die Gruppe diente als katalytischer Raum.

Wodurch war diese Umwandlung, dieses Sterben, dieses Auferstehen möglich geworden? Durch die beiden folgenden Bedingungen, über die wir in Zusammenhang mit dem Circle of Seven gesprochen haben.

Die erste Bedingung bezieht sich auf die **Qualität des Gefäßes und den schöpferischen Raum**. Der schöpferische bzw. der Alchemie-Raum, der in Berlin stattgefunden hat, hatte schon ein halbes Jahr früher bei einem Treffen einer kleinen Coachinggruppe Gestalt angenommen. Alle Programmteilnehmer hatten sich zwei Jahre lang monatlich als »Siebenergruppe« getroffen. Gail Jacob erinnert sich: »Als wir uns sechs Monate zuvor in unserer Coachinggruppe trafen, hatte ich über meine Beklemmung bei der Aussicht auf eine Berlin-Reise gesprochen, zumal ich die Gelegenheit nutzen wollte, um meinen Geburtsort zu besichtigen – das Vertriebenenlager für Displaced Persons in der Nähe von Dachau.

Ohne zu wissen, was ich eigentlich sagen wollte, sprach ich auf einmal über mein Vorhaben, nach Berlin zu reisen und meiner Familie zum ersten Mal zu zeigen, wo ich geboren wurde. Dabei musste ich weinen, und als Nächstes weinten auch alle anderen und hörten sehr lange nicht auf. Es war erstaunlich, welches Wissen um die Heilung seelischer Verletzungen in der Gruppe vorhanden war – und dabei ging es keineswegs nur um mich, sondern es war auch ein Wissen um die Notwendigkeit, die Welt von unserem Kollektivtrauma – Krieg und Völkermord – zu heilen.

Da saß ich also neben Otto, einem Deutschen, und zwei Personen mit buddhistischem Hintergrund: Tho, einem Vietnamesen, und Julia, die aus Korea stammt; dann war da noch Yishai, ein orthodoxer Jude aus Israel, Jim, der früher beim US-Militär war, und Antoinette, die die nächste Generation verkörperte. [...] Sie waren imstande, mir einen Umraum zu geben. [...] Es war wie eine neue Welt. Ich habe die Wunden des Holocaust in meiner DNS und in meiner Persönlichkeit getragen, an jedem Tag meines Lebens. Aber zum ersten Mal konnte ich mir jetzt vorstellen, dass ich diese Energie in etwas anderes verwandeln könnte.«

»An diesem Morgen transformierte sich das Feld«, erinnert sich Gail und bezieht sich auf die Qualität des schützenden Umraumes. »Wir öffneten uns einander und waren eins. Es war, als ob wir **alle den Schatten umarmen** mussten, um einen Blick darauf zu erhaschen, was nötig ist, um die Welt zu heilen. Und was mich betrifft, so war meine Angst verschwunden.«

Die zweite Möglichkeitsbedingung war die **Bereitschaft, bis an den Rand des Abgrunds zu gehen, um die Angst loszulassen** – und den Sprung ins Unbekannte zu wagen.

Als Yishai Yuval, ganz gegen seine Gewohnheit, ein Mikrofon verlangte, machte er genau diesen Sprung. Gail Jacob und viele andere wagten ihn ebenfalls. Das galt auch für mich, als ich mit der Öffnung des Raumes begann. Als ich etwas erspürte, was sich schon Tage zuvor abgezeichnet hatte und mit dem Zusammenrücken intensiver wurde, hatte ich zuerst das Gefühl, sterben zu müssen. Doch dann konnte ich durch die Gegenwart unserer Coachinggruppe, durch die direkt gefühlte Verbundenheit mit Gail, Yishai, Tho Ha Vinh und den anderen mich von der Angst befreien und dem entgegengehen, was sich ereignen wollte, wie Yishai und Gail das beschrieben haben. Der kollektive Raum, der sich öffnete, war viel höher und tiefer, als ich es begreifen konnte.

4. Co-Kreation: Das Neue herauskristallisieren und durch praktisches Handeln Prototypen erstellen

Das Ziel des gemeinsamen Erschaffens besteht darin, mithilfe von Prototypen Landebahnen für die Zukunft zu bauen, auf denen wir diese Zukunft im Handeln erkunden können. Die Prototypen generieren Feedback und werden auf dieser Basis weiterentwickelt. Das aus der Phase des gemeinsamen Erspürens bekannte Motto »Beobachten, beobachten und nochmals beobachten« wird in dieser Phase zum Motto »Wiederholen, modifizieren und nochmals wiederholen«. Dieser Schritt ist inspiriert von Design Thinking und wird kombiniert mit Prinzipien des Presencing, um ihn für tiefgreifende Aktivierungen in sozialen Feldern relevant zu machen.

Beispiele aus Namibia und Brasilien

Namibia: Im Rahmen der Partnerschaft mit dem Synergos Institute und mit Unterstützung von McKinsey & Company moderierten wir einen Labor-Prozess im Gesundheitssystem (Healthcare Lab) in Namibia. Wir nahmen eine kleine sektorenübergreifende Gruppe aus Führungskräften – beispielsweise Pflegekräfte, Ärzte und den Regionaldirektor – mit auf die verschiedenen Reisen des Erspürens. Ziel war es, die Gesundheit von Müttern zu verbessern. Während der Phase, in der Prototypen erstellt wurden, konzentrierten sie sich auf vier separate Initiativen. Das Feedback aus diesen Initiativen brachte schließlich einen fünften Prototyp hervor, der zum erfolgreichsten von allen wurde. Das Ergebnis dieser Idee war, regionale Entbindungsstationen einzurichten und dadurch Innovation und Lernprozesse unter den Akteuren zu beschleunigen, die zuvor in institutionellen Silos gearbeitet und untereinander keine Verbindung gehabt hatten.

Die wöchentliche organisationsübergreifende Sitzung der regionalen Entbindungsstationen begann damit, dass die Daten und Ereignisse der Woche überprüft wurden, die Fachkräfte mit unterschiedlichem Status sich gegenseitig Fragen stellten und in einem fördernden und nichturteilenden Umfeld ihre Sichtweisen austauschten. In einer Teamsitzung, an der ich teilnahm, wurde über eine Situation gesprochen, die für die Pflegekräfte von Belang war. Eine junge Krankenschwester sprach die höchstrangige Führungskraft (männlich), d. h. den Regionaldirektor, an, der sich bis dahin nicht an der Diskussion beteiligt hatte. Sie sagte: »Ich schließe aus Ihrer Körpersprache, dass Sie mit dem, was hier gerade gesagt wird, nicht einverstanden sind.« Und dann war der Direktor mit seiner Deutung der Situation dran. Als ich hörte, dass diese junge Krankenschwester die höchstrangige Person in der Gruppe (über Status, Profession und Geschlechtszugehörigkeit hinweg) herausforderte, da wusste ich, dass sich etwas veränderte – die Gruppe hatte eine konstruktive Kommunikations- und Lernkultur aufgebaut.

Brasilien: Als Denise Chaer den Labor-Prozess Lebensmittel- und Ernährung (Food and Nutrition Lab) in Brasilien in Gang setzte, waren 40 Organisationen und Personen aus allen Bereichen des Lebensmittelvertriebssystems vertreten – Basisveranstalter, Vertreter von Stadt- und Nationalregierungen, Akademiker und multinationale Lebensmittelhersteller. Ihre Aufgabe war es, gemeinsam Initiativen zur Erstellung von Prototypen zu gründen, um die komplexen Herausforderungen an das System anzugehen. Insgesamt waren es 30 Teilnehmer, die mit der Erstellung eines Prototyps begannen. Sie entwickelten ihre Ideen über sektorale und organisationale Grenzen hinweg. Nach zweimonatiger Arbeit der selbstorganisierten Prototyp-Gruppen lud das Moderationsteam alle Teams zu einem Reflexionsworkshop ein, aus dem fünf Prototypen als die vielversprechendsten hervorgingen.

Ein Team erprobte einen Zusammenschluss von Coca-Cola, Ambev und Pepsi, der 2015 zu der offiziellen Stellungnahme führte, dass in Schulkantinen keine zuckerhaltigen Getränke mehr an Kinder unter zwölf Jahre verkauft würden, und der noch im selben Jahr umgesetzt wurde. Ferner vereinbarten die Unternehmen, an Kinder gerichtete Werbung in ganz Brasilien zu unterlassen. Eine andere Initiative gestaltete »Fonte da Juventude«, eine Dokumentarserie im staatlichen Fernsehen, die Kinder vermitteln sollte, dass in ihrem Speiseplan Obst und Gemüse wichtig sind. Seit dem offiziellen Ende des Labs haben die Teilnehmenden auch ein Labor Biologische Landwirtschaft (Organic Farming Lab) und ein Labor zum Thema Führungsarbeit (Leadership Lab) initiiert.

Ein kritischer Augenblick bei der Erstellung von Prototypen ist immer die erste Feedbacksitzung, die etwa sechs Wochen nach der Presencing-Klausur stattfindet. Die Teams stellen vor, was sie aus ihren Aktivitäten des Erspürens und von ihren Akteuren gelernt haben und welche Ideen zum weiteren Vorgehen ihnen gekommen sind. Dann kommen die Teams zu weiteren Feedbackrunden zusammen und modifizieren entsprechend ihre Ideen.

Ergebnisse der Co-Kreation

1) ein paar weiterentwickelte Prototypen – lebendige Mikrokosmen der Zukunft –, die zu den Leitfragen und Zielen des Labors aussagekräftiges Feedback generiert haben;
2) ein paar Kontakte zu Akteuren und Partnern, die wichtig sind, damit der Prototyp Pilotfunktion haben und Maßstäbe setzen kann;

3) verbesserte Führungs- und Innovationsfähigkeiten, um bahnbrechende Innovationsprozesse zu bewältigen;
4) Teamgeist, der zur Veränderung der Führungskultur im Unternehmen beitragen kann;
5) kreatives Vertrauen unter den Teammitgliedern, um große und komplexe Projekte zu schultern.

Prinzipien

16. Die Kraft der Intention: Verdichte deine Vision und Intention

Nick Hanauer gründete ein halbes Dutzend sehr erfolgreicher Firmen und war viele Jahre lang im Vorstand von Amazon. Als Joseph Jaworski und ich ihn interviewten, arbeitete er gerade mit einer kleinen Gruppe von Leuten zusammen, um das Bildungssystem im Bundesstaat Washington »neu zu erfinden«. Danach gefragt, welche Rolle die Intention in seiner unternehmerischen Erfahrung spiele, antwortete Hanauer: »Eines meiner Lieblingszitate, das Margaret Mead zugeschrieben wird, ist: ›Bezweifle nie, dass eine kleine Gruppe von engagierten Menschen die Welt verändern kann. Im Gegenteil: Nur so sind jemals Veränderungen zustande gekommen.‹ Ich glaube fest daran. Mit fünf Leuten kann man fast alles machen. Mit nur einer Person, ist es schwierig – aber wenn du diese eine Person mit vier oder fünf weiteren Personen zusammenbringst, dann hast du ein Kraftfeld. Meiner Meinung nach ist es das, was echtes Unternehmertum ausmacht – das Schaffen von so einer Vision und Kraft.«

17. Bilde Kerngruppen: Fünf Leute können die Welt verändern

Nick Hanauers Sichtweise mag ein bisschen arg amerikanisch, männlich und auf »Tech-Unternehmen« fixiert sein. Doch ich glaube, er hat recht. Wann immer ich einen intensiven Veränderungsprozess erlebt habe oder daran beteiligt war, lief es stets auf dasselbe Phänomen hinaus: eine kleine Gruppe von Leuten, die sich einem gemeinsamen Ziel und einer gemeinsamen Intention fest verschrieben haben. Es braucht vielleicht ein paar mehr als nur fünf Leute, um die Welt zu verändern. Aber eine solche Kerngruppe sendet eine Intention in die Welt hinein, und dann beginnt die Welt zu antworten, beginnen Menschen, Möglichkeiten und Ressourcen aufzutauchen, die in direktem Bezug zu deiner Idee und Intention stehen.

Die Kerngruppe ist wie ein Medium, durch das sich das Ganze manifestiert.

18. Schaffe Orte und Plattformen

Innovation vollzieht sich an Orten. In der Natur braucht die Raupe, bevor sie sich in einen Schmetterling verwandelt, den Schutz eines Kokons. Sich einspinnen ist eine zentrale Aktivität des kreativen Prozesses; der Kokon ist der schützende Raum, der für tiefgreifende Innovation nötig ist. Arbeite auch eine Karte von Meilensteinen ein, die das Team schon bald zur Entwicklung von Prototypen auffordert und ein zyklisches Feedback von Akteurinnen generiert. Ermögliche den Zugang zur Unterstützung durch Kollegen und Experten, damit das Team idealerweise täglich den U-Zyklus des schnellen Lernens und Modifizierens durchlaufen kann.

19. Baue einen Prototyp 0.8!

Ein Prototyp ist ein Mikrokosmos der Zukunft, die du gestalten möchtest. Mit Prototypen arbeiten heißt, dass du deine Idee (oder deine laufende Arbeit) präsentierst, bevor sie voll ausgereift ist. Der Sinn eines Prototyps ist der, dass du Feedback von relevanten Akteuren dazu erhältst, wie die Idee aussieht, sich anfühlt, ob sie den Bedürfnissen der Menschen und ihren Zielen entspricht (oder nicht entspricht), und dass du danach die Mutmaßungen über das Leitprojekt verfeinerst. Der Fokus liegt darauf, die Zukunft im Tun zu erkunden, indem du handelst und nicht analysierst. Wie man bei IDEO sagt, liegt die rationale Begründung für die Entwicklung von Prototypen darin, »**früh zu scheitern, um schneller zu lernen**«.

Ein Prototyp ist kein Plan. Er wird hergestellt, um Feedback zu generieren. Ein Prototyp ist auch kein Pilotprojekt. Ein Pilotprojekt muss erfolgreich sein; ein Prototyp dagegen kann scheitern, doch sein Fokus liegt auf der Maximierung des Lernprozesses.

Bei Cisco Systems, Weltmarktführer im Bereich der Netzwerktechnologie, wird das Gebot beim Erstellen von Prototypen als Prinzip 0.8 bezeichnet: Unabhängig von der Projektdauer erwartet man von den Ingenieuren, dass sie innerhalb von drei oder vier Monaten den ersten Prototyp präsentieren – sonst ist das Projekt gestorben. Der erste Prototyp muss nicht wie ein Prototyp 1.0 funktionieren – er ist auf die Schnelle gebaut, um von allen wichtigen Akteuren Feedback zu bekommen.

20. Bleibe immer im Dialog mit dem Universum

Bleibe nicht an der ersten Gestalt deiner Idee hängen. Lerne immer aus dem Feedback, das dir das Universum zurückspielt. Nutze jede Interaktion, um deine Idee zu verfeinern und zu modifizieren.

Dieses Prinzip hat Alan Webber, Mitbegründer des Wirtschaftsmagazins *Fast Company*, einmal plastisch beschrieben: »Das Universum ist ein hilfreicher Ort. Wenn du deiner Idee gegenüber offen bist, wird das Ganze, **wird das Universum dir helfen**. Du wirst Möglichkeiten sehen, wie du deine Idee verbessern kannst. Du wirst aber auch Vorschläge bekommen, die eher abwegig sind. Ein Teil des Abenteuers besteht darin, diesen Ideen und Vorschlägen zuzuhören und selber zu entscheiden, welche hilfreich und welche abwegig sind.«

21. Suche es mit den Händen: Verbinde Kopf, Herz und Hand

»Suche es mit den Händen«, lautet die Anweisung des Caddies im Roman von Steven Pressfield und im Film *Die Legende von Bagger Vance* an den Golfspieler, der seinen Schwung verloren hat: »Suche es mit deinen Händen – denke nicht darüber nach, spüre es. Die Weisheit deiner Hände ist größer, als die Weisheit deines Kopfes jemals wird.«

Genau das haben Künstler schon immer gewusst. Erik Lemcke, dänischer Bildhauer und Unternehmensberater, erzählte mir einmal von seinen Erfahrungen:

> Wenn ich eine Zeit lang an einer bestimmten Skulptur gearbeitet habe, kommt ein gewisser Moment, in dem die Dinge sich verändern. Wenn dieser Moment der Veränderung eintritt, bin ich – allein – nicht mehr derjenige, der etwas erschafft. Ich fühle mich mit etwas viel Tieferem verbunden, und meine Hände schaffen gemeinsam mit dieser Macht. Zugleich habe ich das Gefühl, erfüllt zu sein von Liebe und Fürsorge, da meine Wahrnehmung sich erweitert. Ich nehme Dinge auf andere Weise wahr. Es ist Liebe zur Welt und zu dem, was kommt. Dann weiß ich intuitiv, was ich tun muss. Meine Hände wissen, ob ich etwas hinzufügen oder wegnehmen muss. Meine Hände wissen, wie sich die Form manifestieren muss. In gewisser Weise ist es leicht, nach diesem Leitfaden etwas zu erschaffen. In solchen Momenten habe ich ein starkes Gefühl von Dankbarkeit und Demut.

Meine Hände wissen. Das ist der Schlüssel zum Handeln auf der rechten Seite des U. Bei der Bewegung auf der linken Seite des U nach unten geht es darum, sich zu öffnen und den Widerstand von Denken, Fühlen und Wollen anzugehen. Bei der Bewegung auf der rechten Seite des U nach oben geht es darum, die Intelligenz von

Kopf, Herz und Hand im praktischen Handeln bewusst miteinander zu verbinden.

Genauso, wie auf der linken Seite des U nach unten die Stimme des Urteilens, die Stimme des Zynismus und die Stimme der Angst die inneren Feinde sind, sind die Hindernisse auf der rechten Seite des U nach oben die drei voneinander entkoppelten Arten des Handelns:

- **Gedankenloses Handeln** (handeln, ohne zu denken): blinde Umsetzung ohne Lernprozess.
- **Handlungsloses Denken** (denken, ohne zu handeln): Paralyse durch Analyse.
- **Geschwafel:** allzu großes Mitteilungsbedürfnis; daherreden, ohne den Wandel zu verkörpern.

Diese drei Hindernisse weisen die gleichen strukturellen Merkmale auf: Statt dass die Intelligenzen von Kopf, Herz und Hand im Gleichgewicht sind, dominiert eine dieser drei allein (das *Wollen* im gedankenlosen Handeln; der *Kopf* in der Paralyse durch Analyse; und das *Herz* im Überkommunizieren).

Das Fünfeck, das den Prozess der Prototyp-Entwicklung darstellt (Abb. 13), fasst die sechs Prinzipien der Co-Kreation zusammen. Achte auf diese sechs Punkte, wenn du diese Phase erreichst.

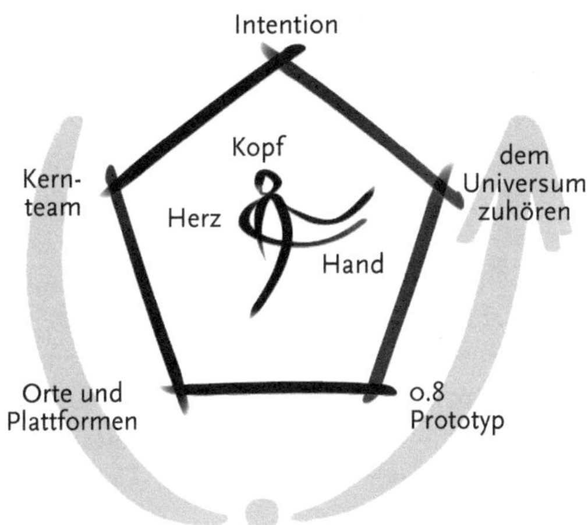

Abb. 13: Das Fünfeck der Prototyp-Entwicklung

Praktiken

Praktik 1: Die Stimme der Zukunft hören

Der Physiker und Pädagoge Arthur Zajonc entwickelte diese Praktik und beschreibt sie wie folgt: »Ich bin in einer Vorstandssitzung, wo die Argumente toben, und vielleicht habe ich es mit einem Streitpunkt zu tun. Ich weiß nicht, wie ich damit umgehen soll. Ich stelle an solchen Punkten an mir fest, dass ich loslasse. Ich pflege mir zu sagen: ›Also, wir haben diesem Thema unsere volle, verfluchte Aufmerksamkeit geschenkt. Wir haben den ganzen Kram zigmal hin und her gewälzt.‹ Dann lehne ich mich zurück und lasse mein Bewusstsein sich unfokussiert erweitern. Schüttle alles von mir. Manchmal stelle ich mir sogar vor, dass neben mir eine unsichtbare Person sitzt.

Als ich im Leitungsgremium einer neuen Schule war, stellte ich mir manchmal vor, dass unsichtbare Kinder am Tisch säßen. Ich arbeitete konkret für diese Kinder, die noch nicht geboren oder noch nicht da waren. Sie waren meine Motivation, dort zu sein.

Ich versuche, in den Raum hineinzuhören. Die Zukunft sitzt auch mit am Tisch. Das ist ein wunderbarer, kreativer Moment, wenn alle Anwesenden einen besonderen Moment bemerken. Ich ermutige sie, ihn festzuhalten, ihn auszukosten. Solche Momente spenden einer Gruppe eine Menge positiver Energie«, sagt Zajonc. »Da entsteht ein Gefühl von Ursprünglichkeit, des Tun-Könnens und der Zusammenarbeit. Niemand stellt Besitzansprüche, weil die Idee auch von jedem anderen am Tisch hätte kommen können.«

Praktik 2: Dem Universum zuhören

- Schritt 1: Nimm dir am Ende eines Tages drei Minuten Zeit, um die Vorschläge aufzuschreiben, die die Welt dir an diesem Tag gemacht hat, ohne diese Vorschläge als gut oder schlecht zu bewerten.
- Schritt 2: Schreibe eine oder zwei Fragen auf, die sich aus diesen Vorschlägen ergeben und die mit den momentanen Herausforderungen deiner Arbeit zu tun haben.
- Schritt 3: Nimm dir am nächsten Morgen fünf bis zehn Minuten Zeit, um die Antworten auf die Fragen aufzuschreiben, die du am Abend zuvor formuliert hast. Gehe mit dem Strom, wenn die Ideen fließen.
- Schritt 4: Beende das »Schreiben« mit einer Erkundung der nächsten möglichen Schritte. Was wäre erforderlich, um deine

Ideen weiter zu erforschen, zu testen oder einen Prototyp dafür zu entwickeln?

Diese Praktik erlaubt dir, neue bzw. anspruchsvolle Ideen zu erkunden und deine Fähigkeit, diskrete Signale zu deuten, signifikant zu steigern.

Praktik 3: Wähle Ideen für Prototypen aus

Wenn du eine Idee zur Erstellung von Prototypen wählst, sind die folgenden sieben »R«-Fragen von Bedeutung:

1) **Ist sie [die Idee] relevant?** Ist sie individuell (für die beteiligten Personen), institutionell (für die beteiligten Organisationen) und sozial (für die beteiligten Communities) wirklich entscheidend relevant?
2) **Ist sie revolutionär?** Ist sie neu? Kann sie das System transformieren?
3) **Ist sie rasch umsetzbar?** Lässt sie sich schnell verwirklichen? Kann man unverzüglich Experimente entwickeln, um Feedback zu erhalten und die Idee anzupassen (und somit Paralyse durch Analyse zu vermeiden)?
4) **Ist sie robust?** Lässt sie sich in kleinem Maßstab realisieren? Kann sie umgesetzt werden auf der niedrigsten Lösungsebene, die sinnvolles Experimentieren ermöglicht? Kannst du sie lokal umsetzen, um auf diese Weise zu lernen?
5) **Ist sie richtig?** Spiegelt sich im Mikrokosmos das Ganze wider, das im Fokus steht? Erlaubt die Idee, den Scheinwerfer auf die entscheidenden Variablen zu richten? Der Fokus muss so gewählt werden, dass man das Kernproblem des Systems sehen kann. Beispielsweise darf man in einer Gesundheitsstudie nicht die Patienten, in einem Projekt zu nachhaltigen Lebensmitteln nicht die Verbraucher oder in einem Schulprojekt nicht die Schüler ignorieren.
6) **Ist sie relational effektiv?** Werden durch die Idee die Stärken, Kompetenzen und Ressourcen der existierenden Netzwerke und Communities wirksam genutzt?
7) **Ist sie reproduzierbar?** Lässt sie sich skalieren? Bei jeder sozialen Innovation in Wirtschaft oder Gesellschaft ist entscheidend, ob sie sich unschwer reproduzieren lässt. In Zusam-

menhang mit der Entwicklung von Prototypen sind Ansätze vorzuziehen, die lokale Beteiligung aktivieren, und die Ansätze auszuschließen, die von einem massiven Input an externem Wissen, Kapital und Besitzansprüchen abhängig sind.

5. Gemeinsam gestalten: Das Neue institutionalisieren und Ökosysteme der Innovation aufbauen

Die U-Prozess-Bewegung des gemeinsamen Gestaltens ist darauf gerichtet, das Neue zu erweitern und zugleich Innovationsökosysteme für die gesellschaftliche Evolution aufzubauen und weiterzuentwickeln.

Das Problem bei heutigen gesellschaftlichen Ökosystemen liegt darin, dass die Feedbackschleife zwischen den Teilen und dem Ganzen unterbrochen ist. Der Kern bewusstseinsbasierten Systemdenkens, auch als *Theorie U* bekannt, liegt darin, die Teile und das Ganze wieder miteinander zu verknüpfen, indem man das System dazu bringt, sich selbst zu erspüren und zu sehen – indem **die Feedbackschleife zwischen kollektivem Wirken und gemeinsamem Bewusstsein geschlossen wird.** Im Endeffekt hängen alle in diesem Buch vorgestellten Praxisbeispiele von diesem einen Methodengerüst ab.

Dies ist der Grund, warum die Innovationslabore funktionieren und deine Initiativen wirksam sind. Aber wie steht es mit den größeren Ökosystemen, in denen diese – und wir alle – eingebettet sind?

Genau hier fehlen die neuen Innovationsinfrastrukturen, um das System dazu zu bringen, dass es sich selbst erspürt und erschaut. Das Fehlen dieser Infrastrukturen ist heute eines der größten Hindernisse für gesellschaftliche Erneuerung.

Und diese Infrastrukturen sind so wichtig, weil wir m. E. das Entstehen eines vierten Koordinationsmechanismus im Augenblick beobachten können. Mit den drei traditionellen Mechanismen, die unsere sozialen und wirtschaftlichen Systeme koordinieren – Hierarchien, Märkte und Verhandlungen zwischen organisierten Interessengruppen (Kap. 3) –, sind wir alle vertraut.

Aber wir wissen, dass diese drei Mittel allein nicht ausreichen, um die heute nötige Aktualisierung unserer Führungsmechanismen zu leisten. Deshalb ist der sich abzeichnende vierte Koordinationsmechanismus äußerst wichtig: **Handeln aus dem gemeinsamen Bewusstsein heraus** – handeln auf der Basis, dass das Ganze gesehen wird. Die Entwicklung einer solchen kollektiven Fähigkeit setzt Kultivierung, Praxis und befähigende Infrastrukturen voraus. Genau darum geht es bei dieser fünften Bewegung auf dem U: das gemeinsame Gestalten.

Sprechen wir zunächst über die Prototypen. Jeder Prototyp wird mehreren Durchläufen unterzogen. Er behält mit seiner Entwicklung die besten Merkmale seiner früheren Formen, verändert sich aber auf andere Weise, um besser zu werden. Die nächste Frage lautet: Wie können wir das in diesen klein angelegten Experimenten Gelernte für die Entwicklung des Ganzen nutzbar machen?

Von Theateraufführungen weißt du vielleicht, dass die Schauspieler einander Input geben und vom Regisseur angeleitet werden und dass die Aufführung von diesem Verfeinerungsprozess profitiert. Etwas wird hinzugefügt; etwas wird weggenommen. Theater ist eine lebende Struktur – in sich geschlossen, fein geschliffen und modifizierend. Erst nach vielen Probeaufführungen wird der Vorhang geöffnet. Und danach entwickelt das Theater sich immer noch weiter, jetzt aber mit einer zusätzlichen Komponente, nämlich der Energie und Gegenwart des Publikums.

Beispiele aus Namibia und dem *MITx u.lab*

Namibia: Die Teamprozesse, wie sie sich bei der Entwicklung des Prototyps der regionalen Entbindungsstationen entfaltet hatten, wurden in 13 Regionen Namibias weiterverbreitet. Das Ziel war nicht, die spezifischen Gesundheitsergebnisse des Prototyps umzusetzen, sondern den Prozess und die Struktur zu verwirklichen. Jede Region konnte dann den Ansatz so modifizieren, dass er in ihren spezifischen regionalen Gesundheitskontext passt. Heute setzt sich dieses Projektteam ausschließlich aus Namibiern zusammen, die – ohne internationale Partner – den Prozess leiten. Im Rahmen dieses Prozesses sind die Projektleiter dafür zuständig, die Ergebnisse zu verbessern. Die Teams sorgen für die Umsetzung der Gesundheitspolitik, koordinieren die verschiedenen Dienstleistungen, setzen die Ziele und lösen Probleme, damit die Effizienz der Gesundheitsinterventionen gewährleistet ist. Unsere Partner bei Synergos (www.synergos.org), die das Gesundheitslabor (Healthcare Lab) in Namibia co-moderierten, berichten, dass das neue System zwischen 2006 und 2013 zur Senkung der Säuglings- und Müttersterblichkeit um etwa 14 % beigetragen habe.

Der Erfolg der regionalen Entbindungsstationen hing von drei stützenden Bedingungen ab:

1) Aufbau einer institutionellen Infrastruktur, um verwertbare Daten zu generieren;
2) Aufbau einer organisationsübergreifenden Struktur, die regelmäßig entscheidende Akteure aus allen institutionellen »Silos« einberuft, um die Daten zu analysieren;
3) Entwicklung einer Lernkultur, mit der Menschen innovativ sein können und sich nicht gegenseitig beschuldigen müssen.

Diese drei Bedingungen erwiesen sich auch in der Phase des gemeinsamen Gestaltens bzw. Erweiterns als wichtig. Durch ihre Berücksichtigung in jedem einzelnen Kontext entstand ein gesamtes Ökosystem regionaler Entbindungsstationen mit unterschiedlichen, aber ähnlichen Arbeitsweisen.

MITx u.lab: Bis 2015 waren meine Kollegen und ich am Presencing Institute mit der Durchführung der verschiedensten Projekte und Programme – z. B. nachhaltige Wirtschaft, Lebensmittelherstellung und Landwirtschaft, Gesundheit, Geldwesen, Lernen und Leadership – in verschiedenen Teilen der Welt beschäftigt. Alle diese Vorhaben waren in unterschiedlichen sozialpolitischen und geografischen Kontexten angesiedelt.

Wie hing das alles miteinander zusammen? Eigentlich gar nicht. Bis 2015. Dann geschah etwas, das diese Serie isolierter Projekte und Programme in ein dynamisches Feld globaler Verbundenheit verwandelte. »Es ist, als ob ein Schalter umgelegt worden wäre«, sagte Katie Stubley, unsere Kollegin am Presencing Institute in Westaustralien. »Plötzlich konnten alle das pulsierende Feld globaler Verbundenheit spüren, zu dem wir alle gehören.«

Der Wendepunkt war der Start unseres *u.lab*-MOOC. Offene Massen-Online-Kurse haben die traditionelle Art der Bildungsvermittlung umgewälzt und den Zugang zu Wissen und Lernen demokratisiert. Doch MOOCs sind auch dafür kritisiert worden, niedrige Abschlussraten und ein qualitativ schlechtes Lernumfeld (an einem Computerbildschirm) zu haben.

Mit dem *u.lab*-Experiment sollte folgende Frage beantwortet werden: Kann ein Online-to-Offline-Lernumfeld die **Demokratisierung von Wissen** mit der **Aktivierung des schöpferischen Lernzyklus** (Kopf, Herz, Hand) zusammenbringen? Wir fanden heraus, dass dies möglich ist, aber es braucht zur Umsetzung einen komplexen schöpferischen Umraum und eine klare Struktur, z. B. Case Clinic Groups, lokale Zentren und Live-Sitzungen, zu denen die Weltgemeinschaft zusammenkommt und sich selbst erspüren und sehen kann. Wir konnten dies schnell in Szene setzen, weil wir von allen diesen Elementen schon auf vielfache Weise Prototypen entwickelt hatten. Doch wir hatten sie bis dahin noch nie miteinander in einer globalen, multi-lokalen Lernstruktur verbunden. Und genau das ist beim gemeinsamen Gestalten ein zentrales Thema: Das Ökosystem entfaltet sich, indem die einzelnen Elemente mit dem Ganzen besser kombiniert und harmonisiert werden.

Ergebnisse des gemeinsamen Gestaltens

1) Initiativen zur Erarbeitung von Prototypen überprüfen;
2) alle an entscheidenden Lernprozessen teilhaben lassen;
3) entscheiden, welche Prototypen/Ideen in die Pilotphase gehen sollen;
4) den Fokus von der Entwicklung eines Prototyps auf die Entwicklung des Systems als Ganzes erweitern;
5) Infrastrukturen generieren, mit deren Hilfe das Ökosystem sich selbst sehen kann;
6) Engstellen identifizieren und beseitigen und somit eine Skalierung ermöglichen;
7) neu gebildete generative Partnerschaften und Allianzen, damit das Neue zum Maßstab werden kann;
8) ein neues Narrativ, das die Arbeit mit gesellschaftlicher oder zivilisatorischer Erneuerung verknüpft.

Prinzipien

22. Entwickle Techniken, die es dem System erlauben, sich selbst zu erspüren und zu sehen

Dazu zwei Beispiele. Das erste Beispiel stammt aus der Finanzwelt. RSF Social Finance, eine Social-Impact-Organisation (Organisation für wirkungsorientiertes Investieren – Anm. d. Übers.) mit Sitz in San Francisco, beruft regelmäßig ihre Investoren und Kreditnehmer ein, um sich gegenseitig über die jeweilige Situation auszutauschen, und legt gemeinsam mit ihnen den Zinssatz fest, den Kreditnehmer in der kommenden Laufzeit an die Investoren zahlen. Don Shaeffer, CEO von RSF Social Finance, sagt: »Diese Kommunikation hat ihre eigene Magie. Was da passiert, ist nicht das, was man erwartet. Man würde glauben, dass die Investoren für höhere Zinssätze und die Kreditnehmer für niedrigere Zinssätze plädieren würden. Aber das passiert eben nicht. Oft ist genau das Gegenteil der Fall. Es ist ein interessanter Prozess, und wir lernen immer noch, wie wir den Raum dafür am besten schützen können.«

Das zweite Beispiel stammt aus der Welt des Gesundheitssystems. Ein weit verbreiteter Versuch, in Krankenhäusern Fehler zu vermeiden, ist die Einführung von Checklisten. Studien haben gezeigt, dass die Arbeit mit Checklisten in Krankenhäusern zuerst das Fehlerrisiko senkt, die Fehlerquote dann aber langsam fast wieder ihr früheres Niveau erreicht. Dr. Marx Parnes, Arzt für Geburtshilfe und Gynäkologie in Ohio, empfahl eine andere Methode. Statt eine Checkliste zu verwenden, spricht er direkt mit den Patientinnen, wenn sie in den Operationssaal gefahren werden. Sie haben ein kurzes persönliches »Aufnahmegespräch«, an dem auch das gesamte Operationsteam beteiligt ist. Diese Aufnahmepraxis reduziert erstaunlicherweise die Fehlerquote auf nachhaltigere Weise als die simple Checklistenpraxis ohne das persönliche Gespräch.

Diese zwei Beispiele zeigen, wie sich die Koordinationsdynamik unter den Akteuren im Feld verändern kann und diese zum Ökosystem-Bewusstsein hingeführt werden, wenn »das System dazu gebracht wird, sich selbst zu erspüren und zu sehen«. Doch wie ist das bei größeren Systemen? Wie können ähnliche Verfahren auf regionaler, nationaler oder sogar globaler Ebene angewendet werden?

23. Entwickle massive Mechanismen zum Aufbau neuer Kooperationsfähigkeiten

Unserer heutigen Gesellschaft fehlen zwei Dinge: (1) Infrastrukturen, um das System vom Ganzen her zu sehen, und (2) solide Mechanismen zum Aufbau einer neuen Kooperationskultur, d. h. von neuen Fähigkeiten der schöpferischen Zusammenarbeit.

Übungsfelder sind der Schlüssel zum Aufbau von neuen Fähigkeiten. Kein Sinfonieorchester und keine professionelle Fußballmannschaft kann ohne Proben bzw. Training Weltklasseniveau erreichen. Genauso brauchen Führungskräfte und Personen, die etwas verändern möchten, Instrumente und Übungsfelder, auf denen sie ihre Instrumente wirksam einsetzen lernen. Wir haben einmal ein Projekt mit FedEx, dem internationalen Kurierdienst, durchgeführt. Nacht für Nacht fliegen Hunderte von Flugzeugen und Millionen von Paketen von und zu Drehkreuzen, an denen jedes Paket innerhalb von zwei Stunden nach seinem Bestimmungsort sortiert wird. Für diese logistische Meisterleistung führt das Unternehmen täglich nach der Arbeit vier Lagebesprechungen durch. Viermal täglich konzentrieren sich die Mitarbeitenden auf das, was sie lernen und was verbessert werden kann. Wenn eine Firma ein oder zwei Jahrzehnte lang so agiert, wird sie ein Logistikunternehmen von Weltrang. Derlei systematische Infrastrukturen fehlen auf gesellschaftlicher Ebene weitgehend.

24. Gründe Labore und Plattformen zur Bearbeitung des sozialen Bodens

Bei einem Treffen mit einer führenden Venture Philanthropin in Silicon Valley erzählte ich von meiner Vision einer *u.school* – wie *u.lab* sich zu einer weltweiten Universität für Aktionsforschung entwickeln könnte, die den sozialen Boden auf unterschiedliche Art und Weise kultiviert. Sie gab mir zur Antwort: »Weißt du, dafür Gelder zu beschaffen ist nicht einfach. Die meisten hochvermögenden Leute hier in der Gegend geben nicht gern ihr Geld her. Also tun sie es auch nicht. Und wenn sie es tatsächlich tun, tun sie es nur unter drei Bedingungen: erstens, dass Technik die Lösung ist; zweitens, dass das Problem messbar ist und innerhalb von zehn Jahren gelöst werden kann; und drittens, dass der Geldgeber das Sagen hat.«

Diese drei Punkte fassen wunderbar zusammen, was in der Philanthropie und beim Impact Investing heute falsch läuft. Die erste Bedingung schließt das gesamte Universum systemischer Probleme aus, die mehr als nur eine technische Reparatur brauchen. Die zweite Bedingung schließt alle Fälle aus, die nur langfristig gelöst werden können. Und die dritte Bedingung offenbart, dass der Begriff des generativen Kapitals nicht verstanden wird.

Meiner Erfahrung nach brauchen Plattformen, die den sozialen Boden kultivieren, (a) zunächst Schenkkapital, um den ersten Wurf zu machen, beispielsweise gemeinsames intellektuelles Kapital oder auch andere Formen von Kapital, und (b) den Aufbau einer co-kreativen Gemeinschaft, die das Feld des gemeinsamen Gestaltens immer wieder neu erschafft.

Im ersten Teil dieses Buches habe ich die miteinander verwobenen Dynamiken zweier sozialer Felder – Presencing (Anwesendwerden) und Absencing (Abwesendwerden) – als Schlüsselmerkmale unserer Zeit herausgearbeitet. Wir alle kennen Beispiele für diese beiden Aspekte in unserem direkten Umfeld. Bei den Makro- und Mundostrukturen sehen wir zwar solide Verstärkungsmechanismen für Absencing (in Form von Medien und sozialen Medien), aber fast keine Verstärkung von Presencing.

Das bringt uns zur Frage, wie der soziale Boden in großem Maßstab zu kultivieren ist. Zu der Frage, wie das gehen kann, hat das Presencing Institute zusammen mit HuffPost Anfang 2018 eine gemeinsame Initiative gestartet: ein Hybrid aus Medien und sozialer Bewegung. Kombiniert wird Qualitätsjournalismus, der auf das neue Narrativ – Prinzipien, Praktiken und Beispiele zur Transformation kapitalistischer Strukturen – gerichtet ist, mit einer neuen Lernplattform vom Typ »*u.lab*«, die Methoden, Instrumente, Live-Events, kollektive Momente der globalen Stille und intensive, persönliche Dialoge in kleinen Gruppen miteinander verschmilzt. Nutzer können sich auf verschiedenen Wegen einbringen, und Innovatoren finden hier Instrumente, mit deren Hilfe sie ihre Initiative von der Idee in die Tat umsetzen können. Angestrebt wird eine Plattform, mit deren Hilfe diese im Entstehen begriffene weltweite Bewegung sich selbst erkennen kann. (Du findest diese Plattform als Societal Transformational Lab und u.lab-S unter www.presencing.org.)

Teil III: Ein Narrativ des evolutionären Gesellschaftswandels

Theorie U umfasst drei Elemente: (1) einen Bezugsrahmen, (2) eine Methode und (3) eine Bewegung. Unter Bewegung verstehe ich ein neues Narrativ der sozialen, ökonomischen und zivilisatorischen Entwicklung, die sich auf alle Sektoren und Systeme erstreckt und mit deren Hilfe die ökologischen, sozialen und spirituellen Abgründe überwunden werden sollen. In diesem letzten Teil wird eine solche evolutionäre Sicht (voll ausformuliert würde sie ein weiteres Buch ergeben) skizziert. Die Entwicklung gesellschaftlicher Systeme wird durch den Blickwinkel von *Theorie U* betrachtet.

Mit den zwei Schlusskapiteln kehre ich zurück zu meinen Wurzeln, d. h. zu der Frage, was wir tun können, um das soziale Feld aus der Sicht des Ganzen zu beackern. An dieser Frage hat sich mein Lebensweg orientiert – ein Weg, der mich zuerst an diverse entlegene Orte und Kulturen und am Ende, so scheint es, wieder nach Hause geführt hat.

6 Die Aktualisierung des gesellschaftlichen Betriebssystems

Im Gespräch mit Innovatoren stimmen alle in einer Sache rasch mit mir überein. Selbst wenn deine Veränderungsinitiative wahnsinnig erfolgreich ist, stoßen die Effekte ihrer Initiativen früher oder später an ihre Grenzen – an die Grenzen des größeren Systems.

Alle wissen, dass wir die Herausforderungen, denen wir heute gegenüberstehen – Verlust unserer Umwelt (der ökologische Abgrund), unserer Gesellschaft (der soziale Abgrund) und unseres Menschseins (der kulturell-spirituelle Abgrund) –, nicht dadurch meistern können, dass wir dem Ganzen noch ein weiteres Projekt hinzufügen.

Um diesen Herausforderungen zu begegnen, müssen wir einen Schritt zurücktreten und auf das größere System schauen. Wir müssen **den mentalen und strukturalen Betriebscode aktualisieren**. In der Sprache der Smartphones heißt das, dass wir nicht nur eine weitere App laden, sondern das gesamte Betriebssystem updaten müssen. Dieses größere Narrativ steht im Fokus des vorliegenden Kapitels. Wie können wir die ökonomischen, demokratischen und bildungspolitischen Betriebssysteme in unseren Gesellschaften auf den neuesten Stand bringen? Wie können wir diese Systeme dazu bringen, sich selbst zu erspüren und zu sehen?

Ökonomie 4.0

Im Frühjahr 2017 nahm ich an einer von der DOEN Foundation Amsterdam ausgerichteten Tagung teil, zu der Innovatoren zusammenkamen, die sich mit der Transformation der Ökonomie beschäftigten. Es war ein faszinierender Mikrokosmos von Erneuerern und Pionieren, von denen sich alle auf unterschiedliche Ansatzpunkte konzentrierten: Wiederherstellung der Ökosysteme, Circular Economy Design (neue Produkte sind am Ende ihres Lebens kein Müll, sondern Rohstoffe für die nächsten Waren), Sozialunternehmertum, Impact Investing, Steuerreform, nachhaltige Technologie, Sharing Economy[4], gemeinsame Führungsarbeit, Genossenschaften, lokale Wählrungen und so weiter.

Doch zwei Dinge fehlten: erstens ein Bezugsrahmen, um alle diese Bereiche miteinander zu verknüpfen, und zweitens ein gemeinsamer Mechanismus, der das neue ökonomische Narrativ genauso wirksam erweitert, wie die traditionellen Medien das für die alte Ökonomie stehende Narrativ der Zerstörung verstärken.

Wie könnte dieser größere Bezugsrahmen aussehen?

Das Grundthema: Warenfiktion

Es gibt viele ausgezeichnete Beispiele für Sozialunternehmertum, sozial verantwortliche Betriebe, Impact Investing und das Drei-Säulen-Berichtswesen (Triple-Bottom-Line-Ansatz). Doch meistens stehen Symptome und nicht strukturelle Grundursachen im Mittelpunkt.

Karl Polanyi beschreibt in seinem 1944 erschienenen Buch *The Great Transformation. Politische und ökonomische Ursprünge von Gesellschaften und Wirtschaftssystemen* den Kapitalismus als **Warenfiktion**. Der Kapitalismus oder die Marktgesellschaft, wie er sie nennt, sei konstruiert auf der Grundlage einer Fiktion – dass nämlich Natur, Arbeit und Geld Waren seien und für den Markt, für den Verbrauch produziert würden. Aber, so Polanyi, die Natur sei keine Ware. Sie würden nicht für den Verbrauch auf dem freien Markt produziert. Aber im Marktsystem würden alle drei behandelt, *als ob* sie Waren wären.

Laut Polanyi führt dies zu einem phänomenalen Wachstum, aber auch zu massiven negativen externen Effekten in Form von Umweltzerstörung, Armut und zyklischen Finanzkrisen.

Die Lösung: Aktualisierung des wirtschaftlichen Betriebssystems

Gesellschaften haben auf diese Dysfunktionalitäten so reagiert, dass sie **institutionelle Innovationen** wie etwa Arbeitsrichtlinien und Umweltstandards, Sozialversicherungssysteme und nationale Notenbanken geschaffen haben, in denen Marktmechanismen da außer Kraft gesetzt sind, wo sie nicht hilfreich sind.

Heute, mehr als ein Jahrhundert nach der ersten Aktualisierung des kapitalistischen Betriebssystems, sehen wir uns wieder mit Her-

4 Definition siehe unter https://wirtschaftslexikon.gabler.de/definition/sharing-economy-53876 [20.1.2019] (Anm. d. Übers.).

ausforderungen konfrontiert – dieses Mal sind die Herausforderungen jedoch globaler Natur.

Als Antwort auf diese Herausforderungen haben wir am MIT einen informellen runden Tisch eingerichtet, an dem wir über Ökonomie und Wohlstand im Licht der sozialen und ökologischen Probleme unserer Zeit folgenreich nachdenken. Wir haben viele Schlüsselvariablen überprüft und kamen zu dem Schluss: Wenn sie gleichzeitig wirksam eingesetzt würden, wäre das Ergebnis eine Aktualisierung des ökonomischen Betriebssystems, das unser System **vom Egosystem-Bewusstsein zum Ökosystem-Bewusstsein upgraden** würde. Ich nenne diese Variablen »Akupunkturpunkte«, weil sie wie Druckpunkte auf dem menschlichen Körper funktionieren: Werden sie aktiviert, können sie transformative und regenerative Auswirkungen auf das gesamte System haben.

Die Matrix der ökonomischen Transformation: Sieben Akupunkturpunkte

Es gibt sieben Akupunkturpunkte: **Natur, Arbeit** und **Kapital** (die drei klassischen Produktionsfaktoren), **Technologie** und **Management** (die zwei jüngeren Ergänzungen der modernen Produktionsfunktion), **Verbrauch** (die Nutzerseite der Gleichung) und **Koordination** (wie das Ganze zu koordinieren ist).

In allen sieben Bereichen gibt es Symptome, die eine Umdeutung des tieferen Grundproblems erfordern (s. Abb. 14). Und für jedes Symptom gibt es praktikable Hebelpunkte, um das derzeitige egozentrierte System umzuwandeln in ein ökozentriertes System. Nimm dir einen Moment Zeit, um die in Abbildung 14 dargestellte Landschaft zu betrachten, oder lies einfach weiter, wenn du solche Tabellen nicht magst.

Zur Aktualisierung des gesamten ökonomischen Betriebssystems sind folgende Veränderungen nötig.

Natur: Vom Ressourcen- zum Ökosystem

Das zentrale Problem unseres momentanen Wirtschaftssystems ist, dass es in einer Welt begrenzter Ressourcen das kontinuierliche Wachstum zum Ziel hat. Daher ist es notwendig, Natur als Ökosystem zu verstehen und nicht als Ressource zu definieren. Statt die Geschenke der Natur als Waren zu behandeln, die wir kaufen, nutzen und wegwerfen, müssen wir die Natur als zirkuläre Ökologie

Betriebssystem	Natur	Arbeit	Kapital	Technologie	Management	Konsum	Koordination
Frage/ Problem	Endliche Ressourcen vs. unendliches Wachstum	40 % der Arbeitsplätze gehen bis 2050 verloren	Entkoppelung von Finanzwirtschaft und Realökonomie	Entkoppelung von Innovation und realen Bedürfnissen	massives Versagen institutioneller Führung	Entkoppelung von Bruttoinlandsprodukt (BIP) und Wohlstand	Trennung zwischen Regulatoren und deren Wirkung an den Rändern
Rekonfiguration: Vom Ego Zu Öko	vom Ressourcen- zum Ökosystem	vom Arbeitsplatz zum Unternehmertum	vom extraktiven zum intentionalen kapital	Von Reduzierung der Kreativität zur Steigerung menschlicher Kreativität	von Silos zum Ökosystem	vom Bruttoinlandsprodukt und Konsumerismus zu Bruttonationalglück (BNG) und Wohlstand	von Hierarchie und Märkten zum bewusstseinsorientierten kollektiven Handeln
Hebelpunkt 1	zirkuläre Ökonomie	universelles Grundeinkommen	zikuläre Währungen	Instrumente zur Visualisierung ökonomischer Prozesse	Infrastrukturen für die Koordination des Ökosystems	Neue Indikatoren für ökonomischen Fortschritt	Ökosystem: dem System zu helfen, sich selbst zu sehen
Hebelpunkt 2	Wiederherstellung Ökosystem und zyklische Landwirtschaft	Lernen 4.0: Co-Kreativität	Ressourcen besteuern statt die Arbeit	Instrumente dafür, sich selbst vom Ganzen aus zu sehen	Mechanismen für die Entwicklung einer neuen Kooperationskultur	Partizipative öffentliche Haushaltsplanung	Eigentumsrechte für das Gemeinwohl

Abb. 14: Die Matrix der ökonomischen Transformation

behandeln, die wir bewirtschaften und gemeinsam mitentwickeln müssen. Hebelpunkte für die Verschiebung des Systems in diese Richtung sind:

- zirkuläre Ökonomie nach Prinzipien des Designs von der Wiege bis zur Wiege;
- Wiederherstellung des Ökosystems mit zyklischer, regenerativer Landwirtschaft, die den Boden kultiviert.

Arbeit: Vom Arbeitsplatz zum Unternehmertum
Man schätzt, dass bis 2050 grob 40 % unserer jetzigen Arbeitsplätze durch Automatisierung wegfallen. Statt Arbeit im Sinne eines »Jobs« zu denken, mit dem wir unser Geld verdienen, müssen wir Arbeit als schöpferischen Akt neu erfinden, mit dessen Hilfe wir unser höchstes Potenzial erreichen können. Hebelpunkte dafür, die Zukunft der Arbeit zu einem eher zwischenmenschlichen und kulturell-kreativen Bereich zu verschieben, sind beispielsweise:

- universelles Grundeinkommen für alle;
- freier Zugang zu Bildung 4.0 als Grundrecht, um das höchste Zukunftspotenzial eines Menschen zu fördern und zu aktivieren.

Kapital: Von der Extraktion zur Intention
Wir alle wissen um die beispiellose Kapitalanhäufung auf globaler Ebene. Die Herausforderung liegt hier darin, den Finanzkapitalfluss in die Realökonomie umzuleiten und das gesellschaftliche Gemeingut zu erneuern. Heute ist zu viel Geld an einem Ort akkumuliert – spekulatives, extraktives Kapital –, und zu wenig Geld fließt an einen anderen Ort – intentionales Kapital, das zur Erholung unseres ökologischen, sozialen und kulturellen Gemeinguts beiträgt. Hebelpunkte für die Neugestaltung des Kapitalflusses sind beispielsweise:

- zyklische Währungen, um extraktives Kapital zu ersetzen;
- Reform des Steuersystems, um Ressourcen zu besteuern und systematische Steuervermeidung zu eliminieren.

Technik: Von der Reduktion zur Steigerung menschlicher Kreativität

Wie kann Technologie dazu beitragen, dass Menschen zu Schöpfern und Gestaltern ihrer Welten und Systeme werden, statt sich von Hightech-Unternehmen wie Facebook oder Google manipulieren zu lassen? Facebook wie Google begannen als Unternehmen idealistischer Studenten, die mit ihren Ideen die Welt zu einem besseren Ort machen wollten. Und in vielerlei Hinsicht ist ihnen dies auch gelungen. Doch mit zunehmender Größe gaben sie ihre ursprüngliche Einstellung zur Werbeindustrie auf, um die Begierde ihrer Investoren nach Gewinnmaximierung zu befriedigen. Und jetzt erfahren wir, dass genau diese Hightech-Unternehmen, vielleicht ungewollt, eine wichtige Rolle dabei spielten, dass die russische Regierung und bestimmte Kapitalinteressen die US-Präsidentschaftswahlen 2016 manipulieren konnten. Dies ist nur ein Beispiel dafür, wie schnell Technologie, die nicht mit klarer ethischer Absicht genutzt wird, sich von einer positiven Kraft zu einer Macht verkehren kann, die diverse zwielichtige anti-demokratische und anti-institutionelle Interessen unterstützt.

Hebelpunkte für neue co-kreative Sozialtechnologien sind beispielsweise:

- Instrumente, mit deren Hilfe Individuen und Gemeinschaften den sozial-ökologischen Fußabdruck ihrer Konsumwahl zum Zeitpunkt des Kaufs visualisieren können;
- technologiefähige Instrumente, mit deren Hilfe Individuen und Gemeinschaften sich durch den Spiegel des Ganzen selbst sehen können (vgl. dazu die in Kapitel 5 geschilderte Geschichte der Gruppe, die in Deutschland die Patient-Arzt-Beziehung erforscht hat, und Abbildung 12; mit klugen Technologien könnte eine solche Bewusstseinsverschiebung in viel größerem Maßstab möglich sein).

Führung

Wir produzieren kollektiv Ergebnisse, die niemand haben möchte (das heißt Zerstörung der Natur, der Gesellschaft und unserer Menschlichkeit). Die Herausforderung besteht nun darin, massiven Fehlern der Führung entgegenzuwirken, die institutions- und sektorenübergreifend gemacht werden. Statt die Entstehung von Super-

Egos zu begünstigen, müssen wir die Fähigkeit von Führungskräften stärken, damit sie die Zukunft auf der Ebene des gesamten Ökosystems gemeinsam erspüren und gemeinsam gestalten können. Hebelpunkte für die Bewegung in diese Richtung sind beispielsweise:

- Infrastrukturen zum gemeinsamen Erspüren: das System von den Rändern her (sich in die Lage der am meisten marginalisierten Mitglieder versetzen) und vom Ganzen her (z. B. Dialog und Social Presencing Theater) sehen;
- umfangreiche Mechanismen des Aufbaus von kooperativen Fähigkeiten, Umschwung vom Egosystem- zum Ökosystem-Denken (z. B. *u.lab*) ermöglichen.

Konsum

Hier besteht die Herausforderung darin, Wohlstand für alle Menschen zu entwickeln. Heute führen größere Produktionsmengen, ein höherer Konsum und ein höheres Bruttoinlandsprodukt (BIP) nicht zu größerem Wohlstand und mehr Zufriedenheit. Statt Konsum und Messgrößen wie das Bruttoinlandsprodukt (BIP) zu fördern, müssen wir Praktiken der Sharing Economy und Messgrößen für Wohlstand wie das Bruttonationalglück (BNG) oder den Genuine Progress Indicator (GPI; »Echter Fortschrittsindikator«) anwenden. Hebelpunkte in diesem Bereich sind beispielsweise:

- Praktiken der Wohlstandsökonomie und neue Wirtschaftsindikatoren;
- partizipative öffentliche Haushaltsplanung.

Koordination

Die Herausforderung besteht hier darin, die Kluft zwischen Entscheidungsfindung in komplexen Systemen und den gelebten Erfahrungen von Menschen, die von diesen Entscheidungen betroffen sind, zu schließen. Will man Führungsarbeit neu erfinden, müssen die drei uns vertrauten klassischen Koordinationsmechanismen (die sichtbare Hand der Hierarchie, die unsichtbare Hand der Märkte und die multi-zentrische Koordination zwischen organisierten Interessengruppen) mit einem **vierten Mechanismus** kombiniert werden: dem **Handeln auf Basis des gemeinsamen Bewusstseins für das Ganze**. Hebelpunkte in diesem Bereich sind beispielsweise:

- Infrastrukturen, mit deren Hilfe **das System sich selbst erspüren und sehen** kann, um bewusstseinsbasiertes kollektives Handeln zu katalysieren;
- gemeingutbasierte Eigentumsrechte, die die Rechte zukünftiger Generationen schützen.

Verlagerung vom Egosystem-Bewusstsein zum Ökosystem-Bewusstsein

Was sehen wir, wenn wir einen Schritt zurücktreten und auf das größere Bild schauen? Jeder Ansatzpunkt thematisiert – aus einer anderen Warte – das, was Polanyi als Warenfiktion von Natur, Arbeit und Kapital bezeichnet.

Fazit: Betrachten wir die Ökonomie durch den Blickwinkel von *Theorie U*, finden sich Wege, das Betriebssystem auf allen sieben Akupunkturpunkten zu aktualisieren. Einzelheiten dazu, wie sich die Matrix der ökonomischen Transformation umsetzen lässt, finden sich in dem Buch *Von der Zukunft her führen. Theorie U in der Praxis, Von der Egosystem- zur Ökosystemwirtschaft*, das ich zusammen mit Katrin Käufer publiziert habe, und in dem Societal Transformation Lab, das wir gerade gemeinsam mit HuffPost und weiteren Partnern (siehe www.presencing.org) entwickeln.

Was braucht es, um diese Arbeit zu verrichten? Politischen Willen. Das bringt uns zum nächsten Thema.

Demokratie 4.0

Unser gegenwärtiges Demokratiesystem ist an vielen Orten angeknackst, nicht nur in den Vereinigten Staaten, wo dieser Zustand besonders sichtbar ist. Doch was ist das Grundproblem? Es fehlt an einem werdenden Demokratiesystem. Historisch hat sich das demokratische System entwickelt vom

- 1.0: Einparteisystem (zentralisiert) über das
- 2.0: Mehrparteiensystem, indirekte (parlamentarische) Demokratie, zur
- 3.0: partizipatorischen, indirekten (parlamentarischen) Demokratie zu einer möglichen
- 4.0: partizipatorischen, direkten, dezentralisierten, digitalen, dialogischen (4D) Demokratie.

Zu diesen Themen ist viel geschrieben worden, also schauen wir einfach mal das große Bild an.

Die Vereinigten Staaten (mit dem Aufstieg von Trump), das Vereinigte Königreich (Brexit), Brasilien (Bolsonaro), die Türkei (Erdogan), Ungarn (Orbán), Russland (Putin) und die Philippinen (Duterte) haben eines gemeinsam: Alle funktionieren nach dem Demokratiesystem 2.0 oder 3.0, mit dem viele Herausforderungen dieser Nationen anscheinend nicht gelöst werden können. Also hat die Wählerschaft in diesen Ländern ihrer Frustration über den Status quo Ausdruck gegeben, indem sie starke Männer, die die etablierte politische Klasse herausfordern, gewählt haben. Die Frustration der Menschen hat ein Stadium erreicht, in dem diese neuen Staatschefs unbeschadet für ein autoritäreres System (»Demokratie« 1.0) plädieren könnten. Bei den Wahlen in diesen Ländern hat eine zukunftsorientierte Perspektive weitgehend gefehlt: nämlich Ideen für eine Demokratie 4.0, in der die Energiequelle von bestimmten Interessengruppen zu den realen Bedürfnissen in der Gesellschaft verlagert würde, d. h. von einer Top-down-Herrschaft zu einem eher verzahnten Prozess des gemeinsamen Erspürens und Gestaltens.

Sichtbar ist Demokratie 4.0 in einigen Städten und kleineren ländlichen und städtischen Gemeinden, wo die Kommunikation direkter, dezentralisierter (kollektiv), digitaler (online-to-offline) und dialogischer ist, d. h. Gespräche stattfinden, durch die das System sich selbst sehen kann.

Die Medien spielen bei der Verlagerung zur Demokratie 4.0 eine entscheidende Rolle. Eine Demokratie ohne unabhängige Medien verteidigen zu wollen ist wie der Versuch, ohne Sauerstoff zu atmen. Man schnappt vielleicht nach Luft, aber die Anstrengung tut nicht gut. Sie bringt das System zu Fall. Das momentane Problem mit unseren Medien ist zweifacher Art: Die Abhängigkeit von bestimmten Interessengruppen ist zu stark, und der Fokus liegt eher auf der Seite des *Absencing* und nicht auf der Seite des *Presencing*.

Transsektoralität 4.0

Bislang sind die Umbrüche in diesem Jahrhundert Symptome von drei tieferliegenden strukturellen Problemen:

- Unfähigkeit, Wohlstand für alle zu generieren (ökonomische Kluft);
- Unfähigkeit, echte Teilhabe für alle zu schaffen (politische Kluft);
- Unfähigkeit, generative Lernmöglichkeiten für alle zu entwickeln (kulturelle Kluft).

Für eine umfassende Umstrukturierung muss man die folgenden miteinander verzahnten Systeme, die meistens als separate Einheiten wahrgenommen werden, neu denken und neu entwerfen: Gesundheits- und Bildungswesen, Lebensmittel- und Finanzsystem. Ein fünftes System, nämlich die Restrukturierung von Management und Führung, müsste geschaffen werden, um das Ganze zu koordinieren. Wie könnte man sich diese Systeme durch die Perspektive des *Presencing* – das heißt im Sinne der Aktivierung von generativen sozialen Feldern – neu vorstellen?

Das Welternährungssystem ist heute noch immer zutiefst destruktiv. Das Gesundheitssystem ist noch immer krank. Das Bildungssystem ist lernunfähig. Das Weltfinanzsystem steuert ungebremst in den nächsten Absturz. Stiftungen und Philanthropen deponieren ihre Vermögen noch immer in der alten Ökonomie, wodurch die Grundprobleme verschärft werden, die ihre Zuwendungsempfänger beheben sollten. Die politisch grünen, nachhaltig denkenden und sozial verantwortlichen Innovatoren allerorten stecken in den Nischen fest, die ihnen am Anfang den Raum für Neuentwicklungen gegeben haben. Doch jetzt werden diese Nischen zunehmend bevölkert von etablierten Spielern, die die neuen Etikettierungen und Schlagwörter übernehmen und zugleich die alten Modelle oft weitertradieren. Beispielsweise wird Amazons Kauf von Whole Foods Market, Inc., dem Biomarkt wahrscheinlich das zufügen, was Uber der Sharing Economy zugefügt hat: Man nimmt eine aus einer anderen ökonomischen Logik geborene Zutat (Lebensmittelladen, der sich gesunder Ernährung widmet) und gestaltet sie so um, dass sie in ein ökonomisches Betriebssystem passt, das fest im alten Paradigma verankert ist.

Alle diese Systeme haben mit dem Umschwung zur Version 4.0 (s. Abb. 15) bereits begonnen. Aber wie können wir etwas, was eine riesige Systemtransformation sein muss, in Schwung bringen und diese Dynamik erhalten?

Betriebssystem	Gesundheit	Bildung/Lernen	Landwirtschaft/ Lebensmittel	Finanzsystem	Steuerung
1.0: Input- und atoritätszentriert	Traditionelle arztzentrierte Medizin	traditionell lehrerzentriert	traditionell landwirtzentriert	traditionelles Finanzkapital	Hierarchie
2.0: Output and output- und effizienzzentriert	evidenzbasierte Medizin	prüfungszentriert	industriell Monokulturen	extraktives Kapital: Wallstreet	Wettbewerb
3.0: stakeholder- und nutzerzentriert	patientenzentrierte Medizin	studentenzentriert	biologisch: ökozentriert	verantwortungsvolles Kapital: Impact Investing	Stakeholder-Dialoge
4.0: gerichtet auf generatives Ökosystem	Salutogenese: Stärkung der Quellen von Gesundheit	co-kreativ: tiefere Lernquellen aktivieren	Nahrungsmittel als Medium für die Heilung von Mensch und Erde	generatives Kapital: System-transformation	bewusstseinsorientiertes kollektives Handeln

Abb. 15: Vier Stufen der Systementwicklung, vier Betriebssysteme

Gesundheit: Von der Pathogenese zur Salutogenese

Wissend, dass nur 20 % der Gesundheit von der Bereitstellung gesundheitsfürsorgerischer Dienste, dagegen 60 % von sozialen, umwelt- und verhaltensbezogenen Faktoren abhängen, verschieben große Erneuerer im Gesundheitssystem wie Kaiser Permanente ihren Fokus allmählich von der *Pathogenese* und der Behandlung von Krankheitssymptomen zur Salutogenese, d. h. zur Stärkung der sozialen Determinanten von Gesundheit und Wohlergehen in Gemeinschaften.

Etablierte Gesundheitsorganisationen haben sich gewandelt vom

- Betriebssystem 1.0: traditionelles **input-zentriertes** Handeln, das um Ärzte und Gesundheitsorganisationen kreist, über das
- Betriebssystem 2.0: **output-zentriertes** Handeln, das um evidenzbasierte, normenorientierte und wissenschaftszentrierte Arten des Handelns kreist, über das
- Betriebssystem 3.0: **patientenzentrierte** Erfahrungen, um bruchlosere und innovativere Arten der Bereitstellung von Gesundheitsleistungen zu organisieren, bis nun echte Innovatoren schließlich den Schritt machen zum
- Betriebssystem 4.0: **Stärkung der Quellen von Gesundheit** und **Wohlergehen** (Salutogenese).

Bildung: Vom auf den Lernenden gerichteten Lernen zur Aktivierung tieferer Quellen des Lernens

Im Bereich Bildung und Lernen sehen wir eine sehr ähnliche Verlagerung, nämlich den Weg vom

- Betriebssystem 1.0: **input-zentriertes** Handeln, das um traditionelles Lernen und Lehren kreist, über das
- Betriebssystem 2.0: **output-zentriertes** Handeln, das um standardisierte Curricula und prüfungsorientiertes Lehren (d. h. Bulimie-Lernen – schnell hinein und schnell wieder hinaus) kreist, über das
- Betriebssystem 3.0: auf den **Lernenden zentriertes Handeln,** bei dem die Neugestaltung von Lernumfeldern an der Erfahrung des Lernenden ausgerichtet ist, zum
- Betriebssystem 4.0: Lernende mit den **Kreativitätsquellen** und dem eigentlichen Kern unseres Menschseins verbinden und

ihnen ermöglichen, dass sie lernen, Zukunftsmöglichkeiten gemeinsam zu erspüren und in die Wirklichkeit zu bringen.

Lebensmittel: Von biologischer Landwirtschaft zur Heilung von Mensch und Erde

Im Landwirtschafts- und Lebensmittelsektor gibt es eine Verlagerung vom

- Betriebssystem 1.0: **traditionelle** Formen der Landwirtschaft über das
- Betriebssystem 2.0: wissenschaftsbasierte **industrialisierte Landwirtschaft** über das
- Betriebssystem 3.0: Modell der **nachhaltigen Landwirtschaftspraktiken** zum
- Betriebssystem 4.0: **Landwirtschaft** als Vehikel und Medium für die Heilung von Mensch und Erde, **Bauernhöfe** als Orte der **sozial-ökonomischen Erneuerung.**

Wir wissen, dass das 2.0-Modell der industrialisierten Landwirtschaft mit seinem Fokus auf Monokulturen, Ergebnismaximierung und Gewinnstreben nicht nur für unseren Planeten (Bodenerosion, Wasserverschmutzung) eine Katastrophe ist, sondern auch für die Menschen (Landwirte, Arbeitnehmer, Versorgungsketten, Verbraucher). Viele Innovatoren im Bereich der nachhaltigen Landwirtschaft (3.0-Modell) sind nach ersten Erfolgen jetzt besorgt. Sie haben Handelsmarken entwickelt, verantwortungsvolle Lieferketten aufgebaut, Gemeinschaften etabliert. Doch unter der Oberfläche lauert die Frage: Wie überleben wir die massive Digitalisierung, die Datenmengen und Unternehmen wie Monsanto, die ein Milliardengeschäft machen, wenn sie die Integrität von Landwirtschaftsbetrieben als lebende Ökosysteme zerstören? Und was genau bedeutet »biologisch«? Nur ein kleinerer Fußabdruck? Oder ist es etwas Größeres, und, wenn ja, Größeres von was? Diese Fragen verweisen auf ein sich abzeichnendes 4.0-Modell, das auf die Schließung der Feedbackschleife gerichtet ist und Nahrungsmittel als Medium der Heilung für Menschen und Natur begreift.

Finanzsystem: Von der Extraktion zur Intention

Die Entwicklung des Finanz- und Geldsystems ist eng verflochten mit unserem derzeitigen »Verhaftetsein« in 2.0- und 3.0-Systemen. Das etablierte Finanzsystem bewegt sich vom

- Betriebssystem 1.0: Modell des **traditionellen**, personenzentrierten Bankwesens, über das
- Betriebssystem 2.0: Praktiken des warenzentrierten Bankwesens mit **extraktivem Kapital**, das blind ist für äußere Effekte (die »big six« – die sechs größten Banken – der Wall Street); und jetzt erleben wir ein weltweites Erwachen gegenüber der Tatsache, dass diese Finanzpraktiken ein Weg zur Selbstzerstörung sind, was den Boden bereitet für das
- Betriebssystem 3.0: **Impact Investing** und verantwortungsvollere Kapitalnutzung – das heißt: mehr Kenntnis der positiven und negativen äußeren Effekte. Die meisten Stiftungen, Impact Investoren und Venture Philanthropen verfolgen diese Ideen und Ziele. Doch ihre Projekte und Programme setzen immer noch selten bei den Grundursachen unserer versagenden Systeme an, was uns hinführt zum
- Betriebssystem 4.0: **generatives Kapital**, dessen Intention auf längerfristige Auswirkungen und die Regenerierung des kreativen, sozialen und ökologischen Gemeinguts gerichtet ist. Warum wurde Whole Foods Market, Inc., an Amazon verkauft? Aus demselben Grund, aus dem Seventh Generation, Inc., an Unilever verkauft wurde: weil die Investoren Geld sehen wollten – anders ausgedrückt: weil die Intention der Kapitalbesitzer auf der Extraktion lag und nicht darauf, die langfristigen Auswirkungen auf das Ganze zu bedienen, was uns zum Thema Koordination und Steuerung bringt.

Koordination: Vom Wettbewerb zum bewusstseinsbasierten kollektiven Handeln

Historisch bestand der 1.0-Mechanismus aus Hierarchie und Zentralisierung; der 2.0-Mechanismus kam mit der Entstehung von Märkten und Wettbewerb; und der 3.0-Mechanismus nahm die Form des Aushandelns unter organisierten Interessengruppen an.

Die wichtigste und am wenigsten verstandene institutionelle Innovation von heute betrifft den Koordinationsmechanismus 4.0, der darauf beruht, dass dem System beigebracht wird, sich selbst zu erspüren und zu sehen: bewusstseinsbasiert kollektiv zu handeln – das heißt handeln auf der Basis, dass das Ganze gesehen wird. Heute beobachten wir die ersten Beispiele dieses Mechanismus von Koordination, wie sie auf lokaler Ebene umgesetzt wird. In vielen Städten und Gemeinden arbeiten Akteure zusammen, um das ökologische, soziale, politische und kulturelle Gemeingut wiederherzustellen. Allerdings fehlt noch das Verständnis dafür, wie diese Zusammenarbeit über Grenzen hinweg vertieft und auf größere Systeme – Regionen, Länder und Kontinente – ausgeweitet werden kann. Die in Kapitel 5 dargelegten Prinzipien und Übungen könnten hier von höchster Relevanz sein.

4.0 Labor

Im Sommer 2017 besuchte ich den landwirtschaftlichen Familienbetrieb in der Nähe von Hamburg, wo ich aufgewachsen bin. (Es ist übrigens kein reiner Familienbetrieb mehr, weil wir ihn in eine Stiftung umgewandelt haben). Mein Besuch war mit der Teilnahme an einer Tagung mit Gründern und leitenden Managern von nachhaltig wirtschaftenden Unternehmen in Europa und Asien verbunden. Viele der großen Pioniere und Innovatoren im Ökobereich saßen in diesem Kreis. Es war ein Gespräch, das mir die Augen öffnete und mich viele Dinge über die Entwicklung des Lebensmittelsektors lehrte.

Mit einem Blick in diesen Gesprächskreis wurde mir auch klar, dass das, was diese Führungskräfte (und ihre Unternehmen) in der 3.0-Welt so erfolgreich machte, ihnen nicht helfen wird, im gerade entstehenden 4.0-Umfeld erfolgreich zu sein. Und alle wussten das.

Auf Basis dieser Erkenntnis erkundete ich mit der Gruppe eine Idee. Ich schlug vor, ein Innovationslabor aufzubauen, das Pioniere und führende Erneuerer aus allen vier Systemen, die ich gerade beschrieben habe – Gesundheits-, Bildungs-, Lebensmittel- und Finanzsystem –, an einen Tisch bringen würde, damit sie sich auf die gemeinsame Entwicklung eines sektorenübergreifenden 4.0-Innovationslabors konzentrieren könnten.

Grob gesagt würde das »4.0-Labor« mit einem regionalen Labor beginnen. Das Presencing Institute würde diese Labore mit Methoden und Instrumenten sowie mit unserer Online-to-Offline-Plattform *u.lab* unterstützen und die Resultate über die gemeinsam mit HuffPost betriebene multimediale Plattform zur neuen Ökonomie bekannt geben.

Obwohl diese Idee erst gegen Ende der Tagung aufkam, sagten drei oder vier der am Tisch sitzenden Gründer sofort »Ich bin dabei« – auch wenn sie nicht wirklich wussten, wo genau sie dabei wären. Ich weiß es natürlich auch nicht. Aber ich glaube, dass diese Art sektorenübergreifender Initiativen heute mehr denn je – an vielen Orten, in vielen Regionen und vielen Teilen der Erde – benötigt werden, weil niemand allein 4.0-Plattformen und Ökosysteme aufbauen kann.

7 Zurück zu den Wurzeln

Mein Weg begann auf dem Bauernhof meiner Familie in Norddeutschland (www.dannwisch.de). Eines Tages, als ich sechs oder sieben Jahre alt war, besuchte uns ein Freund der Familie. Er arbeitete im Hamburger Senat. Ich war fasziniert von den Geschichten, die er über eine mir vollkommen fremde Welt erzählte, und denke noch daran, wie ich mich fragte, ob ich eines Tages mit der Welt, aus der er kam, verbunden sein könnte.

Mit Grüßen an die Stasi

Später interessierte ich mich natürlich sehr für das Geschehen in der Außenwelt und wurde Aktivist in diversen sozialen Bewegungen. In der Hochphase der Friedensbewegung in Europa reiste ich gelegentlich zwischen Ost- und Westdeutschland hin und her – bis ich eines Tages 1984 meinen Namen auf einer schwarzen Liste fand. Ich durfte die DDR nicht mehr betreten.

Dann fiel 1989 die Berliner Mauer. 1990 richtete die deutsche Regierung die Behörde für die Stasi-Unterlagen ein, sodass deutsche Staatsbürger Zugang zu den Akten bekamen, die die Stasi von ihnen angelegt hatte. Natürlich wollte ich wissen, was in meiner Akte stand. Als ich darin las, war ich erstaunt darüber, wie wenig die Stasi über mich wusste (wir hatten deren Leistungsfähigkeit doch reichlich überschätzt). Die Akten hatten einen sehr deutschen bürokratischen Aufbau. In jeder Akte gab es einen Teil, in dem die Zielperson und ihre Aktivitäten feinsäuberlich beschrieben waren. In meinem Fall hieß es: »Er inspiriert führende Kreise der Oppositionsbewegung.« Oha, dachte ich. Sie hatten zu einem einzigen Satz das verdichtet, was zu beschreiben mich Tage gekostet hätte! Ich hätte diesen Satz damals nicht so geschrieben, aber rückblickend kann ich sagen, dass ich in kurzen Momenten vielleicht das Glück hatte, Elemente dieser Beschreibung doch zu verkörpern. »Inspiriert« verweist darauf, Handeln von innen heraus zu mobilisieren; »führende Kreise« verweist auf kollektive Führungsarbeit und nicht auf die einer Person; und »Bewegung« hat mit bewusstseinsbasierter Veränderung zu tun, mit etwas, das viel tiefer geht als das Herumbasteln an institutionellen Strukturen. Auch heute, viele Jahre später, treffen diese Worte immer noch mehr oder weniger den Kern. Also möchte ich mich an dieser Stelle aufrichtig bedanken, wer auch immer diese Beschreibung in meiner Stasi-Akte geschrieben hat. Das Lesen dieses Satzes hat meine Intention nicht geändert – aber sie mir mehr bewusst gemacht.

Den Kurs halten

Als ich jünger war, sagte man oft zu mir: »Warte nur, wenn du älter wirst, werden alle deine Ideen von Veränderung verblassen und deine Prioritäten sich verlagern.« Als ob das, was ich in meinem Herzen fühlte, eine Art Kinderkrankheit sei, die ich mit dem Erwachsenwerden hinter mir lassen sollte. Sobald ich derlei Äußerungen hörte, zuckte ich mit den Schultern und setzte eine unverbindliche Miene auf, aber in meinem Inneren dachte ich: »Neiiiiiin! Niemals! Wovon reden die Leute überhaupt?«

Heute fühle ich mich wahrscheinlich genauso verbunden mit kommenden gesellschaftlichen Veränderungen wie je zuvor. Vielleicht hängt das mit dem Moment der Geschichte zusammen, in dem wir gerade leben. Vielleicht hat es auch mit meinem Alter zu tun. Mein Körper wird älter, aber merkwürdigerweise scheint sich die Energie zu verjüngen. Ich habe das Gefühl, als ob mein früheres Leben eine Vorbereitung auf das Eigentliche sei, das gerade erst im Entstehen ist. Was ist das Eigentliche? Das kann ich nicht genau sagen. Aber ich kann es spüren. Es geht um den jetzigen Moment in unseren Gemeinschaften – um mein Gefühl, dass an so vielen Orten gerade jetzt etwas Neues durchbrechen und in die Welt kommen will.

»Ich kann es nicht nicht tun«

Einer meiner wichtigsten Lehrer war der Friedensforscher Johan Galtung. Als ich 1983 zum ersten Mal eine Vorlesung von ihm an der Freien Universität Berlin hörte, war es, als ob in meinem Denken ein Licht anginge: Plötzlich wusste ich, wie Aktionsforschung aussehen kann. Es ist eine Wissenschaft, die ins Feld geht, die sich zum Voranbringen gesellschaftlichen Wandels in die Schützengräben begibt.

Im Jahr darauf war ich Student an der Universität Witten/Herdecke und lud Galtung zu einer von Studierenden geleiteten Konferenz ein. Der langen Rede kurzer Sinn: Am Ende war er über 15 Jahre lang Gastprofessor dort. Jedes Semester kam er für ein paar Wochen und blieb im Gästehaus »Die Villa«, in einem zerfallenden alten Haus, das ich zusammen mit meinem Mitstudenten Martin Butzlaff für andere Studierende gemietet hatte. Die Villa war viele Jahre lang ein Ort, der sich wie das Herz der Gemeinschaft von Lernenden und Lehrenden an dieser kleinen, neugegründeten Universität anfühlte. Eines Tages kamen Galtung und der Dekan unseres Fachbereichs zu uns zum Frühstück. Galtung, der bekannt war für seine Theorie der strukturellen Gewalt, hatte an Universitäten in vielen Kulturkreisen gelehrt. Ein Student wandte sich an ihn und fragte: »Johan, nachdem du das alles nun geleistet hast, was bleibt jetzt für dich noch übrig? Was willst du in den restlichen Jahren deines Lebens noch machen?« Er antwortete: »Ich habe eine Idee. Die Idee von einer mobilen weltweiten Friedensuniversität. Ihre Studenten würden die Welt bereisen und lernen, wie man Gesellschaft als ein lebendes Ganzes sieht, und sie aus dem Blickwinkel verschiedener Kulturen und Zivilisationen betrachten.«

Als er dann im Einzelnen beschrieb, wie diese globale Lernreise aussehen würde, wusste ich sofort, dass ich genau diese weltweite Friedensuniversität in die Welt bringen würde. Katrin Käufer und auch andere an dem Tisch hatten an diesem Vormittag genau das gleiche Gefühl – *Ich kann es nicht nicht tun!* Dieses tief empfundene Wissen war eine Quelle enormer Energie. Wie sich herausstellte, hatte Galtung versucht, ein solches Projekt am US-amerikanischen Bard College anzusiedeln. Doch die Komplexität der Organisation, Finanzierung und Verwaltung hatte sich als zu hoch herausgestellt. Obwohl wir als Studenten in solchen Dingen völlig unerfahren waren, wussten wir im tiefsten Inneren, dass wir das schaffen könnten. Und dann legten wir los – in Rekordzeit.

Fünf von uns stellten das Projekt in wenigen Monaten auf die Beine: Wir erstellten einen Projektplan, sammelten eine halbe Million Dollar von Unternehmen und privaten Sponsoren, machten Verträge mit zwölf Partneruniversitäten und 290 Dozenten, warben 35 Studierende aus zehn Ländern an, unter anderem aus Osteuropa, und beschafften Geld für Stipendien. Wir wussten, dass keine Rückschläge (von denen es einige gab) uns daran hindern würden, zu unserem Ziel zu gelangen, wenn wir uns erst einmal auf diese Reise begeben hatten. Später verglich Galtung unseren Weg des Handelns mit einem selbststeuernden Lenkwaffensystem. »Wenn man sich einmal auf das Ziel eingelogged hat, hält man erst inne, wenn man es erreicht hat – selbst wenn das Ziel sich bewegt.«

Auch wenn ich mir wünschte, er hätte eine andere Analogie gebraucht, klingt das, was er gesagt hatte, immer noch wahr. Wann immer ich dieses Gefühl des »Einloggens« verspüre, weiß ich, dass wir auf die eine oder andere Weise erfolgreich sein werden. Doch das »Einloggen« wird nicht vom Kopf her gesteuert. Es kommt aus den tiefsten Gründen unseres Wesens heraus.

Es gibt aber einen Bereich, in dem diese Erfahrung des »Einloggens« nicht so viele greifbare Resultate erbracht hat. Seit Jahrzehnten hatte ich die größere Vision, eine globale bewusstseinsbasierte Universität für Aktionsforschung zu etablieren, die auf gesellschaftliche Transformation zielt. Doch trotz des Gefühls, dass dies möglich sein könnte, fand ich nie einen Weg, meine Vision in die Realität umzusetzen. Dann, 2015, als ich dieses Ziel oder diesen Traum schon aufgeben wollte, geschah etwas Unerwartetes. Mit dem *u.lab* – dem globalen MOOC – tat sich plötzlich ein Tor auf. Der Weg dieser lebenslangen Intention erschien plötzlich sichtbar vor mir.

u.lab

Das *u.lab* ist für das globale soziale Feld das, was der Biobauer für den Agrarbereich ist: Es kultiviert den Boden. Beim *u.lab* machen wir dies in Form einer Online-to-Offline-Lernplattform, die Innovatoren aus 185 Ländern miteinander vernetzt und verbindet und ihnen die entsprechende Befähigung verleiht. *u.lab* ist Teil einer im Entstehen begriffenen globalen Innovationsökologie von Menschen, die etwas verändern wollen und die generative soziale Felder bewirtschaften, damit unsere Ökonomie-, Demokratie- und Bildungssysteme sich entfalten können. Als *u.lab* und Presencing Institute unterstützen wir diese Initiativen dadurch, dass wir uns auf die folgenden vier Kernaktivitäten (s. Abb. 16) fokussieren:

- **Innovationslabore starten**, in denen wichtige Akteure aus allen drei Sektoren (Wirtschaft, Regierung, Zivilgesellschaft) – wie in Kapitel 5 skizziert – zusammenkommen;
- **Fähigkeiten bilden**, um die Intelligenzen von Kopf, Herz und Hand – wie in *u.lab* exemplarisch dargestellt – miteinander zu verflechten;
- **Wissen schaffen**, sodass Aktionsforschung und Systemdenken aus dem Blickwinkel eines evolutionären Bewusstseins miteinander verknüpft werden – wie dies im gesamten Buch deutlich gemacht wird;
- **Bewegungen und schöpferische soziale Felder aktivieren**, indem neue Narrative von ökonomischer, demokratischer und zivilisatorischer Erneuerung formuliert werden – wie in Kapitel 6 skizziert.

Das MIT Learning Center, das Presencing Institute und sein weltumspannendes Netzwerk von Personen aus der Praxis haben im Ergebnis erfolgreich und sektoren- und systemübergreifend Prototypen der oben genannten Elemente entwickelt, z. B. Labore, Instrumente und Online-to-Offline-Plattformen zum Aufbau von Kapazitäten. Doch wir haben noch nicht das Niveau an Wirksamkeit erreicht, das wir für möglich und erforderlich halten.

Der 2015 mit dem ersten MOOC eingeschlagene Weg ist eine Offenbarung für uns, weil wir zum ersten Mal erlebt haben, dass eine Plattform und eine Gemeinschaft sehr schnell massiv anwachsen können. Durch das spontane Entstehen von 1200 Hubs – selbstorganisierten, lokalen Gruppen – in allen erdenklichen Städten, Ländern und Kulturen wurden uns die Augen geöffnet für die dringende Notwendigkeit, Menschen und Ziele auf reibungslosere, persönlichere, praktikablere und selbstorganisierte Weise miteinander zu verbinden.

Wir erleben auch, wie größere Institutionen, z. B. Konzerne, Nichtregierungsorganisationen und die Regierungen von Schottland und den Niederlanden, *u.lab* zu nutzen beginnen. Kenneth Hogg, in der schottischen Regierung zuständiger Direktor für Innovation, erklärt, weshalb Schottland *u.lab* nutzt: »**Die Welt verändert sich schnell, und die Zukunft können wir nicht vorhersagen. Wir brauchen neue Fähigkeiten, um den Geschehnissen einen Sinn zu verleihen und herauszufinden, wie eine kollektive Antwort darauf aussehen könnte.**

Abb. 16: U.SCHOOL: Eine globale Aktionsforschungs-Universität im Werden

Mithilfe von *u.lab* können diese Kapazitäten entwickelt werden, um Zukunftsmöglichkeiten zu erspüren, damit Dinge anders gemacht werden können.«

Dieser Aussage nach befinden wir uns an einem einzigartigen Punkt, an dem unsere Arbeit sich sehr schnell entwickeln und signifikante weltweite Auswirkungen haben könnte – und in Vorbereitung darauf unternehmen wir viele Schritte, bauen unsere institutionelle Infrastruktur aus und aktualisieren unsere technischen Plattformen. Wenn du Lust zum Mitmachen hast: Die neuesten Nachrichten werden immer in der News Section auf der Website des Presencing Institute gepostet.

Damit der globale Herzschlag der Gemeinschaft erhalten bleibt, gestalten wir den Prozess, in dem wir einen Hybrid aus medialer Plattform und sozialer Bewegung kreieren.

Auch wenn viele der in diesem Buch präsentierten Geschichten sich um meine eigenen Erfahrungen drehen, glaube ich nicht, dass sie etwas Besonderes sind. Der Grund, dieses Buch zu schreiben, ist meine innerste Überzeugung, dass solche Geschichten, wie ich sie hier erzählt habe, in allen Sektoren, Systemen, Kulturen und Gemeinschaften viel öfter erlebt werden, als die meisten Menschen für denkbar halten. Sie gehören zu einem größeren Muster des Erwachens und der Formierung, an dem viele Menschen mitgestalten wollen.

Vor 40 Jahren brannte mein Elternhaus bis auf die Grundmauern nieder. Heute steht die Welt in Flammen. Wenn ich etwas von meinem Großvater und aus den vielen Erfahrungen von Umbrüchen gelernt habe, ist es das: Wenn du einem Umbruch begegnest, hast du zwei Optionen:

- Du kannst dich wegdrehen, dichtmachen und auf das Gewordene orientieren: und damit den Zyklus von Ignoranz, Hass und Angst amplifizieren (Absencing); oder:
- Du kannst dich hineinlehnen und öffnen und auf das Werdende orientieren: und Erkundung, Mitgefühl und Mut aktivieren (Presencing).

Diese beiden Reaktionsweisen liegen sehr nah beieinander. Mit intentionalem Handeln können wir die zweite Option wählen und dadurch verändern, wie sich die Zukunft entfaltet. Handeln durch gemeinsame Bewusstwerdung gibt unserem evolutionären Weg eine neue Richtung. Darin liegt der Keim für eine Zukunft, die unser bedarf. In jedem Moment. Jetzt.

Mach mit!

Wenn du dich angesprochen fühlst, kannst du dreifach aktiv werden, um deine Erkundung dieser Bewegung von bewusstseinsbasierten Systemveränderern zu vertiefen:

1) Schließe dich der wachsenden Zahl von Menschen an, die am Schnittpunkt von Wissenschaft, Bewusstsein und sozialer Veränderung zusammenarbeiten, indem du www.presencing.org besuchst und ein Profil anlegst.
2) Schreibe dich im kostenfreien *u.lab* ein, um Zugang zu Methoden und Netzwerken zu haben, die auf *Theorie U* basieren.
3) Besuche die News-Seite auf www.presencing.org um eine baldige Online- oder Offline-Veranstaltung zu identifizieren, die dich interessiert.

Die Angebote auf www.presencing.org werden kontinuierlich weiterentwickelt und verändert. Am wichtigsten aber ist: Setze das hier und durch die Website Gelernte in deinem eigenen lokalen Kontext in die Tat um, und melde dich mit dem zurück, was du gelernt hast. Dies ist letztlich genau die Art und Weise, wie diese Bewegung wachsen wird.

Literatur

Argyris, C. (1992): Organizational Learning. Cambridge, MA (Blackwell).

Arthur, W. B. (1999): Interview with W. Brian Arthur conducted by Claus Otto Scharmer, transcript, April 16th, 1999. »Coming from our inner self«. Verfügbar unter https://www.Presencing.com/dol/Arthur [20.1.2019].

Bohm, D. (1994): Thought as a System. London/New York (Routledge).

Buber, M. (1995): Ich und Du. Stuttgart (Reclam).

Glasl, F. (1999): Das Unternehmen der Zukunft: moralische Intuition in der Gestaltung von Organisationen. Stuttgart (Freies Geistesleben), 2. Aufl. [engl. Orig. (1997): The Enterprise of the Future. Stroud, UK (Hawthorn)].

Hösle, V. (1991): Philosophie der ökonomischen Krise. München (C. H. Beck).

Isaacs, W. (2002): Dialog als Kunst, gemeinsam zu denken: Die neue Kommunikationskultur für Organisationen. Bergisch-Gladbach (EHP). [am. Orig. (1999): Dialogue: The Art of Thinking Together. New York (Doubleday)].

Jaworski, J. (2011): Synchronicity. The Inner Path of Leadership. New York City (Mcgraw-Hill Professional), 2nd ed.

Kabat-Zinn, J. (2008): Zur Besinnung kommen: Die Weisheit der Sinne und der Sinn der Achtsamkeit in einer aus den Fugen geratenen Welt. Freiamt im Schwarzwald (Arbor), 3 Aufl. [am. Orig. (2005): Coming to our senses: Healing ourselves and the world through mindfulness. New York (Hyperion)].

Kelley, D. (2001): The Art of Innovation. New York (Doubleday).

Laloux, F. (2015): Reinventing Organizations: Ein Leitfaden zur Gestaltung sinnstiftender Formen der Zusammenarbeit. München (Vahlen). [am. Orig. (2014): Reinventing organizations: A Guide to Creating Organizations Inspired by the Next Stage in Human Consciousness. Millis, MA (Nelson Parker)].

Lewin, K. (1975): Die Lösung sozialer Konflikte. Ausgewählte Abhandlungen über Gruppendynamik. Bad Nauheim (Christian).

Polanyi, K. (2001): The Great Transformation. Politische und ökonomische Ursprünge von Gesellschaften und Wirtschaftssystemen. Frankfurt a. M. (Suhrkamp), 3. Aufl. [am. Orig. (1944): The great transformation. Boston (Beacon)].

Pressfield, S. (2001): Die Legende von Bagger Vance. Reinbek (Rowohlt).

Ray, M. (2004): The Highest Goal: The Secret that Sustains You in Every Moment. San Francisco (Berrett-Koehler).

Russell, B. (1979): Second Wind: The Memoirs of an Opinionated Man. New York (Random House).

Scharmer, C. O. (2009): Theorie U – Von der Zukunft her führen. Presencing als soziale Technik. Heidelberg (Carl-Auer). [am. Orig. (2007): Theory U. Leading from the Future as It Emerges. The Social Technology of Presencing. Cambridge, MA (Society for Organizational Learning)].

Scharmer, C. O. u. K. Käufer (2017): Von der Zukunft her führen: Von der Egosystem- zur Ökosystem-Wirtschaft. Theorie U in der Praxis. Heidelberg (Carl-Auer), 2. Aufl. [am. Orig. (2013): Leading from the emerging future. From ego-system to eco-system economies. San Francisco (Berrett-Koehler)].

Schein, E. (2003): Prozessberatung für die Organisation der Zukunft. Der Aufbau einer helfenden Beziehung. Bergisch-Gladbach (EHP). [am. Orig. (1998): Process consultation revisited: Building the helping relationship. Reading, MA (Addison-Wesley)].

Schön, D. (1986): Educating the Reflective Practitioner. San Francisco (Jossey-Bass).

Senge, P. (2011): Die fünfte Disziplin: Kunst und Praxis der lernenden Organisation. Stuttgart (Schäffer-Poeschel), 11., völlig überarb. u. aktualisierte Aufl. [am. Orig.: (1990/2006): The fifth discipline: The art and practice of the learning organization. New York (Doubleday)].

Senge, P. u. R. Ross (2004): Das Fieldbook zur fünften Disziplin. Stuttgart (Klett-Cotta), 5. Aufl. [am. Orig.: (1994): The fifth discipline: Strategies and tools for building a learning organization. New York (Doubleday)].

Senge, P., C. O. Scharmer, J. Jaworski a. B. S. Flowers (2004): Presence: Exploring Profound Change in People, Organizations and Society. Boston (Nicholas Brealey).

Thich Nhat Hanh (1998): Nenne mich bei meinem wahren Namen. Meditative Texte und Gedichte. Freiburg i. Br. (Herder).

Toynbee, A. J. (2010): Der Gang der Weltgeschichte. Frankfurt a. M. (Zweitausendeins [u. a.]).

Varela, F. J. (2000): Interview with Francisco Varela Conducted by Claus Otto Scharmer, Transcript, January 12th, 2000. »The three Gestures of Becoming Aware«. Verfügbar unter https://www.presencing.com/dol/varela [20.1.2019].

Wicks, J. (2013): Good Morning, Beautiful Business. The Unexpected Journey of an Activist Entrepreneur and Local Economy Pioneer. White River Junction (Chelsea Green).

Zajonc, A. (2001): Die gemeinsame Geschichte von Licht und Bewusstsein. Reinbek bei Hamburg (Rowohlt), 2. Aufl. [am. Orig. (1993): Catching the light. New York (Bantam)].

Über das Presencing Institute

Das Presencing Institute gründeten Otto Scharmer und seine Kollegenschaft 2006 am MIT, um an der Schnittstelle von Wissenschaft, Spiritualität und sozialem Wandel eine Plattform für Aktionsforschung zu schaffen. In den letzten zwanzig Jahren haben wir *Theorie U* als Sozialtechnologie entwickelt, weltweit sektorenübergreifende Veränderungsinitiativen geleitet und eine beliebte Innovationsplattform namens *u.lab* (ursprünglich als offener Massen-Online-Kurs eingeführt) etabliert.

Heute engagieren sich im Bemühen, generative soziale Felder zu kultivieren, unsere Aktionsforscher weltweit in vier sich überschneidenden Aktivitätsbereichen:

1) *Innovationslabore:* Akteure aus Wirtschaft, Regierung und Zivilgesellschaft kommen zusammen, um kollektiv auf die revolutionären Umbrüche unserer Zeit eine Antwort zu finden.
2) *Aufbau von Grundkompetenzen:* Entwicklung kooperativer Grundfähigkeiten für die Entwicklung einer neuen Kooperationskultur, indem die Intelligenzen von Kopf, Herz und Hand integrativ verknüpft werden.
3) *Aktionsforschung:* Wissensgenerierung, Erfindung von bewusstseinsbasierten Sozialtechnologien, die auf Sichtbarmachung der Tiefenstrukturen sozialer Felder zielen.
4) *Aktivierung von Bewegungen:* Die öffentliche Diskussion durch neue Narrative der ökonomischen, demokratischen und zivilisatorischen Erneuerung weiterentwickeln.

Weitere Informationen über das Presencing Institute unter *www.presencing.org*.

Über den Autor

© Sven Nieder

C. Otto Scharmer ist Senior Lecturer am Massachusetts Institute of Technology (MIT) und Gründungsvorsitzender des Presencing Institute. Als globaler Vordenker für Systemtransformation und gesellschaftlichen Wandel ist er vor allem für sein Konzept des »Presencing« – des Lernens von der entstehenden Zukunft her – bekannt.

Das von ihm mitbegründete *MITx u.lab*, eine globale Plattform für gesellschaftliche Innovationen, hat bisher über 260.000 Teilnehmende aus 194 Ländern erreicht. Scharmers Arbeit umspannt Kooperationen mit Unternehmen, Regierungen, UN-Organisationen und Graswurzelbewegungen und beschleunigt transformative Initiativen, die die planetare Heilung, gesellschaftliche Regeneration und tiefen Systemwandel voranbringen.

Veröffentlichungen u.a.: *Theorie U – Von der Zukunft her führen. Presencing als soziale Technik* (5., völlig überarb. u. erw. Auflage 2020), *Von der Zukunft her führen. Theorie U in der Praxis. Von der Egosystem- zur Ökosystemwirtschaft* (zus. mit Katrin Käufer, 3. Aufl. 2023), *Presencing. Sieben Praktiken für die Transformation des Selbst, von Unternehmen und Gesellschaft* (zus. mit Katrin Käufer, 2026).

Kontakt: *www.ottoscharmer.com*